山东省重点研发计划(重大科技创新工程)资助项目(项目编号:2020CXGC010111)

基于 SPSS 的大数据辅助
科学决策方法与实践

崔光磊　著

山东大学出版社

SHANDONG UNIVERSITY PRESS

·济南·

图书在版编目(CIP)数据

基于SPSS的大数据辅助科学决策方法与实践/崔光磊著.—济南:山东大学出版社,2023.8
ISBN 978-7-5607-7910-2

Ⅰ.①基… Ⅱ.①崔… Ⅲ.①数据处理 Ⅳ.①TP274

中国国家版本馆CIP数据核字(2023)第169071号

策划编辑　宋亚卿
责任编辑　李昭辉
封面设计　禾　乙

基于SPSS的大数据辅助科学决策方法与实践

JIYU SPSS DE DASHUJU FUZHU KEXUE JUECE FANGFA YU SHIJIAN

出版发行	山东大学出版社
社　　址	山东省济南市山大南路20号
邮政编码	250100
发行热线	(0531)88363008
经　　销	新华书店
印　　刷	山东星海彩印有限公司
规　　格	787毫米×1092毫米　1/16
	20.5印张　346千字
版　　次	2023年8月第1版
印　　次	2023年8月第1次印刷
定　　价	75.00元

前　言

随着新一代信息技术的飞速发展，海量大数据已经成为国家重要的基础性战略资源，数据作为新型生产要素正在引领着新一轮科技创新。

实施国家大数据战略，加快建设数字中国，是大数据工作者的重要历史使命。2018 年机构改革后，山东省成立了大数据局，我由山东省发改委信息中心划转至山东省大数据中心。在繁杂的大数据工作中，我深刻地感受到，建立健全大数据辅助科学决策和社会治理机制，推进政府管理和社会治理模式创新，实现政府决策科学化、社会治理精准化、公共服务高效化，对于全面提升国家治理体系和治理能力现代化具有重要意义。

为此，我鼓足勇气撰写了这本大数据辅助科学决策的专著，利用自己从业 20 多年的经验，借助 SPSS 软件，从方法论的角度讲解了大数据辅助科学决策的原理和实现路径，在具体操作中引入定性与定量分析，对结果进行专业解读，着重分析结果的统计学意义和现实工作意义，以图文并茂的方式，全面强化大数据思维。

本书共分为十五章，全面展示了大数据分析方法的魅力，为从事大数据分析、挖掘、预测等领域工作的专业人士提供了揭开大数据神秘面纱的钥匙。其中，第一章为"数据思维"，第二章为"大数据辅助科学决策的基本原理"，第三章为"数据预处理"，第四章为"描述与推断"，第五章为"概率分布"，第六章为"均值比较"，第七章为"方差分析"，第八章为"相关分析"，第九章为"回归预测"，第十章为"时间序列预测"，第十一章为"BP 神经网络"，第十二章为"决策树"，第十三章为"聚类分析"，第十四章为"判别分析"，第十五章为"降维分析"。

本书以公开的宏观经济数据、社会信用数据、专业运动赛事数据为主要研究对象，针对经济社会发展中的具体事件提出问题、分析问题、解决问题，通过数据分析和理论推导，采用定性分析与定量分析相结合的方法，给出专业解决方案和对策建议,具有较高的学术价值和现实指导意义。因为使用真实数据开展研究,所以书中的结论可以直接应用于现实宏观决策。

此外,从操作层面看,本书可作为从事大数据工作人员和在校学生掌握 SPSS 软件的使用手册,也可作为各级政府部门工作人员增强大数据素养的读本,还可作为专业教材和参考书使用。

因个人水平有限,书中不足之处在所难免,敬请广大读者和专家学者批评指正。

崔光磊
2023 年 6 月于济南

目　录

第一章　数据思维

2022年国务院印发的《关于加强数字政府建设的指导意见》（国发〔2022〕14号）中明确提出，要建立健全大数据辅助科学决策机制，拓展动态监测、统计分析、趋势研判、效果评估、风险防控等应用场景。这就要求各级各部门紧跟大数据时代的步伐，不断提高数据素养，增强利用数据推进各项工作的本领。经过一段时间的发展，目前全国各省（自治区、直辖市）均把大数据辅助科学决策作为数字政府建设的重要抓手，全面提升政府决策科学化水平。

大数据辅助科学决策离不开数据，离不开方法，更离不开数据思维。人们生产和生活中的每个过程、每个环节都与决策紧密相关。基于可靠的数据，运用科学的数学方法，强化认知的数字化思维，可以有效把握事物运行的基本规律和特征，从而形成科学的决策建议与实施方案，这要比单纯依靠经验决策更加精确，也更有指导意义。

第一节　数据常识

提升数据素养，首先要对数据有深入了解，增强数据敏感度，不断培养数据思维。所谓"数据"，是我们通过对客观事物观察、实验或计算得出的数值。随着信息技术的普及，数据的形式也在不断拓展，除了常规的数字外，还包括文字、图像、声音等。

一、数据分类

数据有多种不同的分类方法，如从信息化角度分类、从数据获取方式分类和从时间状态分类等。

（一）从信息化角度分类

从信息化角度，可将数据分为结构化数据、半结构化数据和非结构化数据。结构化数据严格遵循数据格式规范，标准统一，口径可比，易于输入、查询和分析，应用最为广泛，如常见的统计数据。非结构化数据是数据结构不规则、没有预定义的数据，如各类复杂的图片和音频、视频等。非结构化数据格式多，标准不统一，在技术上比结构化数据更难处理。半结构化数据介于二者之间，虽有部分结构化的数据，但是结构变化很大，不能通过简单的逻辑表达与之完全对应。

（二）从数据获取方式分类

从数据获取方式，可将数据分为观测数据和实验数据。观测数据是在没有人为干预的前提下，对研究对象进行观察记录获取的数据。实验数据是在实验环境下，按照既定目的，通过控制外在条件，对研究对象进行实验获取的数据。

（三）从时间状态分类

从时间状态，可将数据分为截面数据和时间序列数据。截面数据是在相同时间段内收集的数据，用来描述观测现象在某一时刻的状态。时间序列数据是按时间顺序，在不同时间收集的数据，用于描述观测现象随时间推移发生的变化。

二、变量分类

变量常与指标联系在一起表述，是用来表示数学对象的符号，在数据分析挖掘中非常重要。因为只有事先明确变量的性质，如类型、计量单位等，才能挖掘出数据背后的规律和现实意义。变量与数据高度依存，数据是变量的具体体现。变量也有不同的分类方式，如按数值是否连续分类、按相互关系分类、按数据特征分类和按反映的数量特点分类等。

（一）按数值是否连续分类

按数值是否连续，变量可分为连续型变量和离散型变量。连续型变量的数值是连续不断的，任意两个变量值之间可以做无数种分割，如地区生产总值、地方财政收入、人的身高和体重等，既可用小数表示，也可用整数表示。离散型变量的取值通常用整数表示，如人数、年级等。

（二）按相互关系分类

按相互关系，变量可分为因变量（dependent variable）和自变量（independent variable）。因变量是函数关系式中随其他变量数据变动而变动的变量，自变量则是引起因变量发生变化的因素或条件。通俗地说，自变量是"原因"，而因变量是"结果"。例如，在一元线性函数方程 $y=ax+b$ 中，y 为因变量，x 为自变量，a 为系数，b 为常数项。

（三）按数据特征分类

按数据特征，变量可分为定距变量、定类变量、定序变量和定比变量。定距变量是数值型变量，有计量单位，数值大小不仅具有实际意义，还能体现出差异大小，但不存在基准 0 值，即当变量值为 0 时不是表示什么都没有，如考试成绩为 0 并不表示没有文化，温度为 0 并不表示没有温度。常见的宏观经济指标，如地区生产总值（GDP）、工业增加值、投资、消费等变量均为定距变量。定类变量是用数值表示个体在属性上的不同，如血型、民族、性别等，其数值没有大小、高低之分，不能进行四则运算。定序变量是用数字表示个体在有序状态中所处的层次，如学历、品质等级、喜爱程度等，其数值有一定的层次意义，表示高低或者优劣，但不能进行四则运算。定比变量有绝对零点，可进行四则运算，派生出比例、速度、效率等指标。例如，就年龄而言，可以按年龄大小进行分类，也可以比较年龄大小，还能计算年龄的实际差距，而且具有一个真正意义上的零点。定比变量与定距变量的区别在于有无真正的零点，凡是有真正意义零点的变量均属于定比变量。

在具体运用过程中，凡是涉及定距变量，通常要用到统计量、参数估计、假设检验等。涉及定类变量时，通常会用到频数、众数、交叉列联表、卡方检验等。涉及定序变量则一般用到频数、等级相关系数等。

（四）按反映的数量特点分类

按反映的数量特点，变量可分为数量指标和质量指标。数量指标又称总量指标，一般通过数量值计算得出，数值有单位，大小有意义。质量指标是反映总体相对水平或质量的指标，通常用相对数和平均数表示，反映现象之间的内在联系和对比关系。数量指标是计算质量指标的基础。

第二节 数据大局观

在大数据辅助科学决策的过程中,获取数据并掌握了数据分析方法后,必须学会观察和掌握数据的总体特征,在实践中培养数据大局观,不能仅仅就数论数,理论脱离实际。只有深度挖掘数据背后的现实意义,才能全面提升分析预测的科学性和准确性。面对一组数据,通常要开展以下五方面的基本操作,才能有效提升数据大局观。

一、梳理指标变量,熟悉彼此间的关系

首先要明确数据来源,严格统计口径和计量方法,确保数据的可得性和可比性,在此基础上进一步研究不同指标的联系与区别。例如,GDP 与地方财政收入都是宏观经济最重要的指标,二者具有高度的正相关关系,但彼此之间也有很大差异。GDP 核算按照行政区划口径执行,而财政收入口径存在跨地区情况,出于总部经济原因,少数税种存在跨地区纳税的情况,所以财政与 GDP 的计算覆盖范围存在较大差异。另外,GDP 是统计核算数,增速剔除了价格因素;而财政收入是征收入库数,增速通过现价计算。

常规统计数据是开展分析研究最常用也是最好用的数据来源,因为政府各部门开展辅助决策时,最权威、最易获取的数据就是统计数据,因此相关人员必须提升对各类统计指标的全面认知,如宏观经济调控、供给侧、需求侧都包含哪些具体指标,不同指标又有何种计量单位和数量级,等等。宏观经济主要指标及供给侧和需求侧指标如表 1-2-1 所示。

表 1-2-1 宏观经济主要指标及供给侧和需求侧指标

宏观经济主要指标	供给侧指标	需求侧指标
GDP	工业产能利用率	全社会固定资产投资总额
社会消费品零售价格指数(CPI)	装备制造业增加值	社会消费品零售总额
一般公共预算收入	金融机构人民币贷款余额	外贸进出口额
……	……	……

获得数据后,需要将指标分类汇总,按类别开展对比分析。例如,根据影响经济的灵敏度划分为先行指标、同步指标和滞后指标。此处应当注意,同样是投资,全社会固定资产投资有很大一部分是政府投资,这里面含有政策性投资,甚至不以营利为目的的公益性投资,这类投资对经济的影响需要建成投产后才能显现。而外商的实际到账外资中,基本上全部是以营利为目的的投资,其对经济的敏感度非常高,到账外资的额度和速度体现了外商对经济景气程度的判断,因此实际到账外资可以列入先行指标,而全社会固定资产投资总额则为滞后指标。先行指标、同步指标和滞后指标如表 1-2-2 所示。

表 1-2-2　先行指标、同步指标和滞后指标

先行指标	同步指标	滞后指标
金融机构人民币贷款比年初增加额	工业增加值	全社会固定资产投资总额
制造业采购经理指数(PMI)	钢材产量	公共财政预算支出
全社会用电量	工业企业利润	CPI
货运量	社会消费品零售总额	PPI
港口吞吐量	外贸出口	居民储蓄
实际到账外资	一般公共预算收入	城镇居民人均可支配收入
……	……	……

注:PPI 指工业生产者出厂价格指数。

二、明确研究方向,开展数据预处理

在获取数据的过程中,往往会出现数据缺失、格式不一致、含噪声(数据中存在错误/异常值)、数据不一致(不能相互验证)等问题,甚至出现逻辑矛盾,容易造成决策失误。因此,必须事先对数据的准确性、适用性、及时性、一致性进行审核,确保数据完整、准确,可用可解释,进而提高模型质量,降低挖掘成本,提高参考效用。数据预处理主要包括数据查重剔除、缺失值处理、统一数据口径、排除异常值等。

三、数据可视化，把握大趋势

数据可视化是借助图形化手段，从不同的维度观察总体特征，从而清晰有效地表述数据所蕴含的信息，让决策者能够快速、准确地把握总体特征，提高决策效率。例如，通过直方图观察总体离散趋势与集中趋势，同时查看异常值；通过 Q-Q 图观察总体是否服从正态分布；通过序列图观察时间序列的季节性和趋势性；等等。总体来看，图形可分为以下四大类。

（1）趋势图。趋势图有散点图、折线图等，通过总体走势反映事物中长期发展趋势。

（2）对比图。对比图有柱形图、直方图、雷达图等，通过宽窄、高低等特征来对比不同事物间的差异。

（3）比例图。比例图有饼图、圆环图等，通过不同的面积大小反映事物的组成比例。

（4）地图。地图有热力图、空间地理图等，通过将事物的分布情况与现实地理相结合来反映不同行政区域的情况。

四、统计描述推断，研究数据总体特征

对数据的统计描述推断主要是通过图表和数学方法对数据的分布状态、数字特征和随机变量之间的关系进行估计和描述，观察样本的集中趋势、离散趋势和分布特征等。其中，集中趋势主要包括均值、中位数、众数等；离散趋势主要包括全距、方差、标准差、四分位差、变异系数等，其中方差和标准差最常用；分布特征主要包括偏度和峰度等。

五、观察分布状态，开展概率分布检验

概率分布表示随机实验中每个被测结果的分布情况。如果变量为连续型，则分布为概率密度分布；如果变量为离散型，则分布为概率质量分布。分布十分重要，开展分析预测时，通常需要样本独立，服从正态分布，然后使用 F 检验、t 检验等对各类参数进行显著性检验。如果样本不服从正态分布，则需要使用非参数假设检验。

上述五个方面仅仅是提升数据观、增强数据素养的基础。在辅助科学决策的

过程中,决策者首先要有本领域的专业知识,通过业务促进理论与实践的融合,提升定性判断能力;其次要结合大数据和数据处理方法,针对具体问题开展分析研究,开展各类检验和推断;最后通过定性分析和定量分析相结合的方法,对结果进行理性调整,才能真正做到科学决策。

第三节　避免数据悖论

在辅助决策过程中,必须避免"就数论数",否则容易出现用数据说瞎话的情况,陷入"数据悖论"中。

有的数学模型各类检验都能通过,但方程的系数与现实意义相违背,则这样的方程不可以用于辅助宏观决策。例如,表 1-3-1 显示的是社会消费品零售总额与人均 GDP 和年末总人口的回归关系,虽然共线性检验的方差膨胀系数(VIF)小于 5,通过检验;$p < 0.01$,具备统计学意义;常数项为正,具备现实意义;但年末总人口的回归系数为负,表示人口越多,社会消费品零售总额越小,与现实意义相违背。虽然相关方程可以用于数据计算,但不能用于指导实践,否则会出现通过减少人口规模以提升消费总量的悖论,至少这种结论在当前山东省的发展状况下是错误的。

表 1-3-1　社会消费品零售总额与人均 GDP 和年末总人口的回归关系

指　标	非标准化系数		t	Sig.	共线性统计量	
	B	标准误差			容差	VIF
常数项	7365.067	2131.843	3.455	0.001	—	—
人均 GDP	0.430	0.010	43.295	0.000	0.274	3.649
年末总人口	−0.983	0.261	−3.772	0.001	0.274	3.649

注:Sig.表示显著性,下同。

有的数学模型尽管各类检验全部通过,各类系数既有统计学意义又有现实意义,可面对结果时,也容易出现判断错误,引发决策失误。例如,二战时军方对返航飞机的中弹情况进行统计,发现发动机、机身、油料系统、两侧机翼都有多处弹孔,唯独机尾没有。从理论上讲,哪里弹孔密集就应加固哪里,但统计学家亚伯拉罕·瓦尔德(Abraham Wald)给出的结论却是重点强化对机尾的防护,原因是只有没被击中要害的飞机才能成功返航,并进入统计样本,但弹片在空中的分布是均匀的,飞机机尾很少被击中并不是真相,而是万一机尾中弹飞机就无法返航。最终,军方采纳瓦尔德的意见对机尾进行加固,结果返航的飞机数量果然大大增加。

由此可见,计算机和软件只是一种工具,可以精确计算并用最短时间锁定最优模型,但具体应用仍需要专业知识作为支撑。技术是手段,业务是根本,没有业务作为支撑,建模只是一种数字游戏,若是直接用于指导实践,很容易出现数据悖论。

第四节　定性与定量分析

从方法体系看,在辅助科学决策方面,常用的数据分析方法主要包括定性分析和定量分析。

定性分析是运用归纳和演绎法开展"质"中的研究,揭示事物发展规律。定性分析的优点是注重经验积累,对事物发展的判断具有全面的预期,但这一优点也是缺点,受主观因素影响,以及个人知识、经验、能力的束缚,很难对事物发展做数量上的精确分析,且对于未知事物的判断容易停留在经验上,无法快速准确地开展判断。

定量分析是运用数学方法开展"量"中的研究,揭示事物的数量特征、数量关系,推导事物发展规律。定量分析的优点是较少受主观因素影响,依靠数学方法对历史数据进行分析描述,进而得出发展变化的理性推断;缺点是对历史数据的质量和数量有较高要求,很难处理波动幅度较大的情况。更为致命的是,定量分析以过往数据为基础,分析预测未来发展趋势,如果在预测期内发生了重大政策调整或者遇到不可抗力情况,分析结果与实际走势就会发生较大偏差。

无论定性分析还是定量分析,都需要运用数据,只是涉及的深度和广度有所差异而已。人类对未知领域的认识要通过现象探究本质,这个过程往往容易受个人价值观和认知局限性影响,因此必须定性分析与定量分析相结合,所得结论才能更加客观、真实。

　　本书重在讲解方法,因此后续各章节主要从定量角度分析客观事物发展规律,通过对规律的认知来指导具体实践。由于缺乏必要的大数据集,部分章节使用的是统计部门提供的统计数据,但方法通用,无非是数据量多少的问题,而且绝大多数统计数据本身就是大数据处理后的结果数据。

　　书中用到的软件主要是 IBM SPSS Statistics 27(中文版),该产品是当前最为流行的统计分析和数据挖掘软件,可提供高级统计分析、机器学习算法、文本分析等功能,具备开源可扩展性,可与大数据集成并无缝部署到应用程序中。

第二章　大数据辅助科学决策的基本原理

信息技术与经济社会的交汇融合引发了数据爆炸式增长，大数据已成为国家基础性战略资源，对经济发展、社会治理、生产生活产生了重大而深远的影响。加强对大数据的分析研究，提高对经济社会领域风险因素的感知、预测和防范，对于推进政府管理和社会治理模式创新，实现政府决策科学化、社会治理精准化、公共服务高效化具有十分重大的现实意义。

第一节　大数据与统计

任何一门学科都有自己的优势和不足，统计学可以管中窥豹，可以一叶知秋，但也存在抽样误差、系统误差，甚至统计悖论等问题。以计算机为代表的现代信息技术为数据处理提供了便捷的方法和手段，人类获取数据、处理数据的能力实现了质的跃升。在大数据时代，无论是获取数据的渠道还是速度都已经不可同日而语，信息技术已经可以覆盖全部样本，可以不通过抽样而直接研究总体。

从理论上讲，全样本的大数据能够解决抽样误差问题，但全样本大数据因为工作量大，工作失误就会增加，而且不是所有的人都能够获取大数据；即便能够获取大数据，也不是所有的人都拥有处理大数据的软硬件设备。再者，从总体和样本角度看，现在很多所谓的"大数据"其实就是大数量级的抽样数据。

大数据与统计并非排斥，而是互补，研究大数据辅助科学决策，从传统的统计方法入手是最便捷、最有效的渠道。大数据分析挖掘的方法体系中，统计方法占据了主体部分。统计学的研究对象和作用虽然没有变，但大数据时代数据的来源、体量、类型发生了颠覆性变化，因此统计学还需要依托数学和计算机技术，不断完善和发展数据分析的方法体系。

第二节　大数据的原理和优越性

大数据时代的到来,不仅意味着数据处理技术和处理能力得到极大提升,而且意味着全社会的数据资源分布结构也在发生深刻改变。随着"互联网＋"战略的深入推进,我国经济社会运行的信息化、数字化、智能化程度在不断提高,越来越多的经济社会运行数据被实时记录和存储,在这些离散化、非结构化的海量数据中,蕴含着强烈的内部关联和趋势性信息。传统的分析预测方法受理论和条件限制,不能完全满足大数据时代的要求,因此开展基于大数据的分析预测方法体系研究非常及时且必要。

一、传统方法的原理

传统的宏观经济分析预测方法的基本逻辑是通过历史数据发现经济运行的基本规律,并利用规律来预测未来走势。经过长期的发展和改进,传统的建模方法和理论都相对完备,在宏观经济分析预测领域发挥着极为重要的作用。

传统的分析预测方法主要分为两大类:基于理论驱动的结构模型和基于数据驱动的时序模型。基于理论驱动的结构模型主要是以宏观经济理论为基础,构建数理分析模型,利用统计数据进行参数估计,分析宏观经济变量之间的数量关系,并对发展趋势进行预测。这类模型计算过程复杂,能分析和预测的领域众多,具有很好的经济解释性,如多元线性回归等。

基于数据驱动的时序模型则不依赖任何经济理论,更多关注变量本身的变化特征和在时间维度上的延续性,并利用这种数据内在的变化模式预测未来发展走势。这类模型计算简单,结果较为准确,如时间序列的趋势拟合,但就数论数没有经济解释性。

二、传统方法的不足

传统分析预测方法的缺陷主要是来自方法论上的争议,其中最主要的就是卢卡斯批判。该理论认为,传统的计量模型方法均是基于历史数据来分析和预测未来,这种模型方法没有充分考虑人们心理预期的作用。人类经济行为不仅可以学习历史经验,也可以估计当前的现状对将来的影响,进而主动采取行为和策略以应对未来的变化。这种行为的改变会使经济模型的参数发生变化,而这种变化是难以用模型衡量的。

此外,无论是基于理论驱动的模型还是基于数据驱动的模型,都严重依赖经济运行规律的延续性和稳定性。一般来说,经济运行规律在短时间内发生变化的可能性较小,但随着时间的推移,规律发生偏离的可能性越来越大,发生偏离的程度越来越高。因此,传统宏观经济预测模型的有效性在很大程度上依赖于所使用的数据是否足够"好",而传统的统计数据又存在滞后性、统计误差、获取成本高、样本量较少、颗粒度不够等问题,导致使用传统方法难以很好地做出实时、有效的分析预测,这也是制约传统宏观经济分析预测体系发挥作用的瓶颈。

三、大数据方法体系的优势

相对于传统的分析模型和工具,基于大数据的分析主要是分析思维的转变,可总结为以下三大转变。

第一,由基于抽样样本数据向近似全样本数据转变,不再通过小样本信息来推断总体信息,能够克服传统数据颗粒度不够和存在抽样误差等问题。这种转变是由于信息技术进步,获取数据的渠道增加造成的。

第二,由因果分析向相关分析转变,不再止步于内在因果联系,而是更加关注相关性的结果。这种转变主要是因为大数据已经将世间万物相连,没有直接因果关系的指标,会因为其他共同规律而产生相关关系,可以通过更深层次的因果加以解释。因为理念的转变,所以方法体系也在转变,并非因果分析不适用于大数据,或者不如相关分析严谨。

第三,由精准分析向模糊分析转变,不需要拘泥于传统经济学的假设条件,部分研究可以忽略异方差、内生性、非白噪声等问题。这种转变的主要原因是,当前经济行为(尤其是数字经济)越来越复杂,各因素交叉影响,互为因果,开展分析研究时,很难用精准分析进行苛求,因此可以牺牲部分精度,提高模型容忍度,但并不是说忽略传统假设和其他前提是方法上的进步。

大数据预测与传统预测具有互补性,前者不是对传统方法的抛弃,而是对其进行有效的革新和拓展。通过大数据技术和方法,获取及时的数据,结合传统的分析预测模型,既能有效利用经济学理论解释经济问题,又能突破传统方法的根本性局限,提高模型的应用范围,为宏观经济分析预测带来新的发展,为辅助科学决策提供更加有力的技术和数据支撑。

第三节 大数据辅助科学决策方法体系

大数据辅助科学决策是数学、统计学与计算机科学相融合的一个交叉学科，是从大数据中提取信息、发现规律并指导实践的过程。大数据分析的常规方法体系主要包括描述性分析、诊断性分析、预测性分析和挖掘性分析。

一、描述性分析

描述性分析也是统计学中最基本的方法之一，其主要是对数据进行数理统计，研究发生了什么。

描述性分析的基本原理是借助统计技术和可视化工具，对样本信息进行整理、分析，并对分布状态、数字特征和随机变量之间的关系进行估计和描述，反映规律在一定时间、地点、条件下的作用，描述经济社会指标间的关系和变动规律。描述性分析一般分为集中趋势分析、离散趋势分析、分布特征三大部分内容。

描述性分析的意义在于统筹掌握样本的总体特征，当样本数量达到百万级甚至上亿级时，描述性分析的便捷效果更为显著。描述性分析主要计算大数据的频数、百分位数、平均数、标准差、方差、总和、最大值、最小值、全距、变异系数、t 检验值等。在掌握总体特征的情况下，又可以根据需要，对重点群体进行个案分析，将有关信息进行关联，形成个案详细报告，可以多维度、全方位地分析样本信息。

二、诊断性分析

诊断性分析一般是借助相关分析或回归分析研究两个或两个以上变量间相互依赖的定量关系，分析数据的内在规律，观察一个或多个变量变化会对其他变量产生的影响，研究为什么会发生这种变化以及发生的程度。

诊断性分析的基本原理是在许多自变量共同影响一个因变量的关系中，判断哪些自变量的影响是显著的，哪些自变量的影响是不显著的，将影响显著的自变量选入模型，剔除影响不显著的自变量。然后，利用数理统计方法建立因变量与自变量之间的函数表达式，根据一个或多个自变量的变动情况分析因变量的变化趋势。

诊断性分析的意义在于精确计量变量之间的数学关系,并对关系的可信度进行假设检验,同时利用数学关系做出科学控制。尤其是在自然科学、医学药品研发、化学配方等领域,通过诊断性分析可以加快新产品的研发过程,精确控制各个影响因素的配比,从而提高产品的质量。

三、预测性分析

预测性分析是通过研究已经和正在发生的事情的内在规律,建立科学的数理模型进行合理的趋势外推,以此来预测未来发展趋势,主要研究可能会发生什么。

预测性分析方法主要以时间序列预测为主,重点研究预测目标与时间过程的演变关系,利用事物发展的延续性推测未来发展的趋势。该方法在经济社会发展中应用最为广泛,可以从历史数据中找出经济社会现象随着时间变化而呈现出的规律,对于制订年度计划、中长期规划具有非常重要的意义。预测性分析的实现方法一般包括线性回归、曲线估算、指数平滑等。

四、挖掘性分析

挖掘性分析主要是通过专业软件和方法,从大量的数据中挖掘隐藏于其中的内在关系和基本规律,研究内在的关联是什么。

挖掘性分析的实现方法一般包括神经网络、决策树、聚类分析、因子分析、判别分析等。大数据分析的理论核心就是数据挖掘,本节只简单介绍基本情况,后续将安排专门章节讲述。

(1)神经网络。神经网络是通过仿照人脑神经元的建模和连接,探索模拟人脑神经系统功能的模型,是一个非线性的数据建模工具集合。神经网络包括输入层和输出层,也包括一个或者多个隐藏层。神经网络对神经元之间的连接赋予相应的权重,在迭代过程中不断调整这些权重直到最优,从而使预测误差达到最小。

(2)决策树。决策树是分类和预测的常用技术之一,是以树状图为基础的分类模型,它将个体分成若干个小组,并依据自变量的数值推测出因变量的相关信息。决策树便于理解和解释数据,不仅能够生成数据的理解准则,还可以处理连续型字段及多输出的问题,对缺失值不敏感。

(3)聚类分析。聚类分析是人工智能(AI)领域非常重要的一种方法,它是按照一定的规则把全体样本划分成若干类,把同类的样本聚在一起,从而分析同一类别样本的内部特点和规律,以及不同类别样本间的差异。

(4)因子分析。因子分析是一种多元定义统计分析方法,从研究指标相关矩阵内部的依赖关系出发,通过降维处理,以较少的统计信息损失为代价,把一些具有错综复杂关系的指标变量浓缩提炼成几个内部高度相关而彼此之间又不相关的综合因子。因子个数少于原始变量的个数,但包含了绝大部分原始信息,用其作为新的解释变量去建模,有更好的解释性。

第三章 数据预处理

在获取数据的过程中,尤其是在获取大数据的过程中,往往会出现各种意想不到的问题,如数据缺失、格式不一致、数据逻辑矛盾等,导致异常值增加,影响数据分析挖掘的严谨性和准确性。因此,对于第一手资料必须进行数据预处理,既包括数据的完整性审核、口径一致性调整、异常值剔除等传统处理方式,也包括大数据条件下的数据清洗、比对、集成、转换等。通过数据预处理,可以大大提高数据挖掘质量。本章重点介绍数据查重、数据转换、数据计算、缺失值处理、数据标准化等方法和应用。

第一节 数据查重

在数据录入或者多文件合并过程中,很可能出现重复项问题,少量样本和变量可以人为查重处理,但在大数据情况下必须借助软件实现。在普通的日常工作中,最常用的数据查重软件有 SPSS 和 Excel 等。在数据量较大的工作中,需要借助数据库系统进行处理。本节以山东省欠税信用信息为例,通过 SPSS 软件演示数据查重功能。

一、选取分析样本

山东公共数据开放网信用信息专栏无条件开放山东省欠税公告信息。笔者查阅了截至 2021 年 10 月 13 日的公告数据,含纳税人识别号、纳税人名称、法定代表人姓名、欠税金额等 8 项指标。考虑到个人信息保护,书中对敏感信息均做了隐私处理,读者可到官网自行下载原始数据,如表 3-1-1 所示。因时间跨度大,汇总数据存在大量重复项,为准确分析山东省的欠税信息,需要进行查重剔除。

表 3-1-1　山东省欠税公告信息(部分)

纳税人识别号	纳税人名称	欠税税种	税费期起	税费期止	欠税金额/元
3714236×× ×04195	山东××化学 科技有限公司	城市维护 建设税	2017-6-30	2017-6-30	27500
37142369　× ××5050	山东××置业 发展有限公司	城镇土地 使用税	2017-4-1	2017-6-30	105249.6
37142373　× ××2552	××控股集团 有限公司	房产税	2015-4-1	2015-6-30	149937.6
371423×× ×477461	××集团有限 公司	城镇土地 使用税	2015-7-1	2015-9-30	57362

　　鉴于样本中既存在重复汇集问题,也存在同一欠税主体多次欠税问题;既存在同一欠税主体同一税种多次欠税问题,也存在同一欠税主体不同税种多次欠税问题,因此必须把纳税人识别号、纳税人名称等 8 项指标全部同时纳入查重,才能从根本上剔除真正的重复项,否则会对有意义的样本造成"误伤"。

二、SPSS 查重实现步骤

(一)实现步骤

　　步骤 1:在工具栏中选择"数据(D)",在下拉列表中选择"标识重复个案(U)"选项,如图 3-1-1 所示。

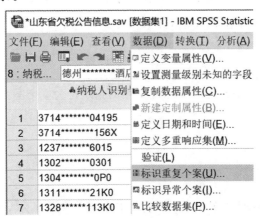

图 3-1-1　在下拉列表中选择"标识重复个案(U)"选项

步骤 2：在"标识重复个案"对话框中，将左侧 8 个指标项全部选中，纳入右上方的"定义匹配个案的依据（D）"。其他功能选择系统默认，然后单击"确定"按钮，系统自动完成重复个案的标识，如图 3-1-2 所示。

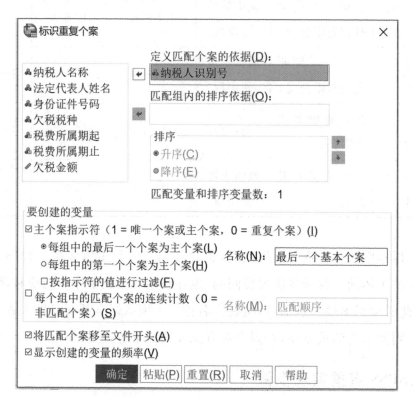

图 3-1-2 "标识重复个案"对话框

（二）结果解读

系统首先给出统计量，其中 N 表示山东省欠税公告信息共包含 100549 个有效样本，共有 0 个样本存在缺失值，如表 3-1-2 所示。

表 3-1-2 统计量

所有最后一个匹配个案的指示符为主个案		
N	有效	100549
	缺失	0

"所有最后一个匹配个案的指示符为主个案"结果显示，在 100549 个有效样

本中,重复个案为 48263 个,占全部样本的 48.0%;主个案为 52286 个,占全部样本的 52.0%,即剔除重复项后,共剩余 52286 个真实有用的样本,如表 3-1-3 所示。

表 3-1-3　"所有最后一个匹配个案的指示符为主个案"结果

		频数	百分比	有效百分比	累积百分比
有效	重复个案	48263	48.0%	48.0%	48.0%
	主个案	52286	52.0%	52.0%	100.0%
	合计	100549	100.0%	100.0%	—

三、大数据查重在社会管理中的具体实践

《中华人民共和国政府采购法》第二十二条明确规定,供应商参加政府采购活动应当具备六项条件,其中一项就是要有依法纳税和缴纳社会保障资金的良好记录。山东省财政厅在山东公共数据开放网无条件开放山东省政府采购供应商管理信息,这其中很可能有部分欠税供应商通过隐瞒信用记录将自己包装成守信企业,进而参与政府采购。为加强信用联合惩戒,可试用大数据查重技术对欠税主体和供应商信息进行清洗比对,挖掘出严重欠税的供应商,剥去失信者的伪装,还守信者公平的市场环境。

(一)实现步骤

步骤 1:按照 SPSS 查重基本操作,对山东省欠税信息和山东省政府采购供应商管理信息分别完成查重剔除。其中,山东省政府采购供应商管理信息查重结果显示,共有 37885 个供应商样本,重复个案 28 个,剔除重复项后剩余 37857 个真实有效样本,如表 3-1-4 所示。

表 3-1-4　剔除重复项后的结果

		频数	百分比	有效百分比	累积百分比
有效	重复个案	28	0.1%	0.1%	0.1%
	主个案	37857	99.9%	99.9%	100.0%
	合计	37885	100.0%	100.0%	—

步骤 2：对山东省欠税信息中的"纳税人名称"进行频率分析。从工具栏"分析(A)"中选择"描述统计(E)"中的"频率(F)"选项，如图 3-1-3 所示。

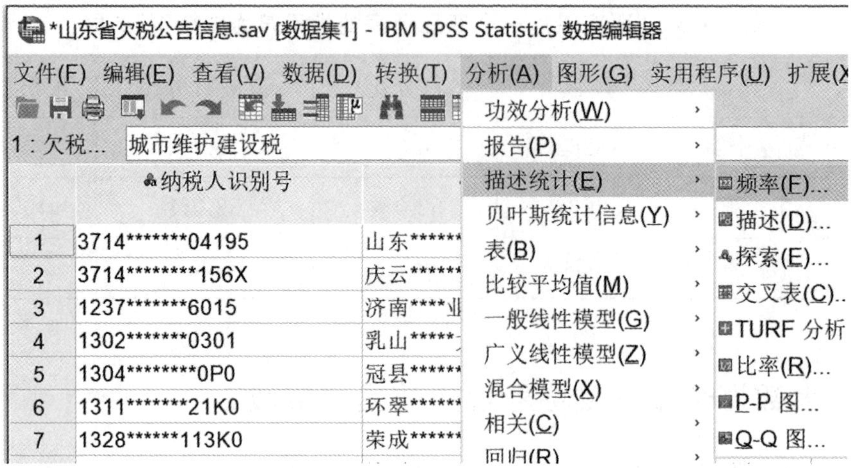

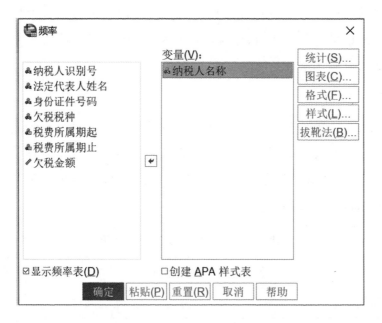

图 3-1-3　选择"描述统计(E)"中的"频率(F)"选项

步骤 3：在"频率"对话框中，将左侧的"纳税人名称"选入右侧的"变量(V)"对话框，如图 3-1-4 所示。

图 3-1-4　将左侧的"纳税人名称"选入右侧的"变量(V)"对话框

步骤 4：单击"格式(F)"按钮，在弹出的"频率:格式"对话框中选择"按计数的降序排序(N)"，如图 3-1-5 所示。统计结果将按照欠税次数高低进行排序。

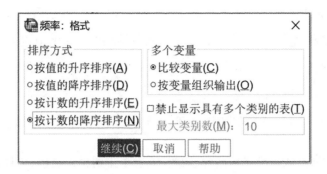

图 3-1-5　选择"按计数的降序排序（N）"

步骤 5：单击"继续"，返回"频率"对话框，其他功能选择系统默认，再单击"确定"按钮，系统自动计算并给出结果。

通过对纳税人名称进行频率分析，在 52286 个欠税案例中，共涉及 11706 家欠税主体。考虑到个别企业存在漏报、不可抗拒因素等非刻意欠税行为，假设累计欠税 10 次以上的为恶意欠税，从频数方面看，共有 1479 家恶意欠税主体，其中欠税 100 次以上的有 3 家，某纺织有限责任公司更是有 120 次的最高记录，如表 3-1-5 所示。

表 3-1-5　纳税人名称频率分析结果

序号	纳税人名称	频数	百分比	有效百分比	累积百分比
1	××纺织有限责任公司	120	0.2％	0.2％	0.2％
2	××电子科技有限公司	114	0.2％	0.2％	0.4％
3	××陶瓷有限公司	101	0.2％	0.2％	0.6％
4	××房地产开发有限公司	89	0.2％	0.2％	0.8％
5	××矿业有限公司	89	0.2％	0.2％	1.0％
6	××矿业集团有限公司××石膏矿	87	0.2％	0.2％	1.3％
……	……	……	……	……	……
1479	××科技有限公司	10	0	0	50.7％
……	……	……	……	……	……
11706	××有限公司	1	0	0	100％

步骤 6：将累计欠税 10 次以上的 1479 家欠税主体的纳税人名称与山东省政府采购供应商名称进行大数据比对。从操作层面和可视化角度看，用 Excel 实现这一步骤最为便捷。先将政采供应商名称、欠税 10 次以上纳税人名称、欠税频数三列数据纳入 Excel 进行汇总。为区别显示，政采供应商名称用正常字体显示，欠税 10 次以上纳税人名称、欠税频数两列黑名单用黑体标注，如表 3-1-6 所示。

表 3-1-6　政采供应商名称、欠税 10 次以上纳税人名称、欠税频数

政采供应商名称	欠税 10 次以上纳税人名称	欠税频数
××信息科技（惠州）股份有限公司	××纺织有限责任公司	120
××有限公司	××电子科技有限公司	114
××服装有限公司	××陶瓷有限公司	101
××建筑公司	××房地产开发有限公司	89
××科技（湖北）有限公司	××矿业有限公司	89
××制冷工程技术（北京）有限公司	××矿业集团有限公司	87
××公司	××矿业集团有限公司××石膏矿	87
××（苏州）物联技术有限公司	××纺织有限公司	84
……	……	……

步骤 7：同时选取"政采供应商名称"和"欠税纳税人名称"两列数据，然后从工具栏的"数据"中选择"重复项"中的"设置高亮重复项(S)"选项，如图 3-1-6 所示。

图 3-1-6　选择"重复项"中的"设置高亮重复项(S)"选项

在弹出的对话框中单击"确定",系统会在设定区域内对两列数据进行查重比对,并将重复项高亮显示,如图 3-1-7 所示。

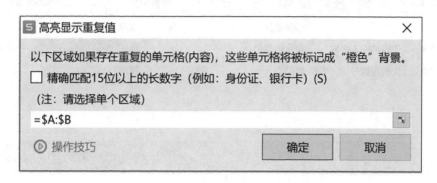

图 3-1-7　高亮显示重复值

步骤 8:重新选中"欠税纳税人名称"和"欠税频数"两列数据,然后从工具栏的"数据"中选择"排序"中的"自定义排序(U)"选项,如图 3-1-8 所示。

图 3-1-8　选择"排序"中的"自定义排序(U)"选项

步骤 9:在弹出的"排序"对话框右上角选中"数据包含标题(H)",即将第一行默认为标题,避免将标题一同纳入排序。在排序"主要关键字"中的下拉列表中选择"欠税纳税人名称",在"排序依据"中选择"单元格颜色",在"次序"中将系统标注重复项的颜色选中,并设定在顶端。在"次要关键字"中的下拉列表中选择"欠税频数",在"排序依据"中选择"数值",在"次序"中选择"降序",如图 3-1-9 所示。最后单击"确定",系统自动根据规则进行排序。

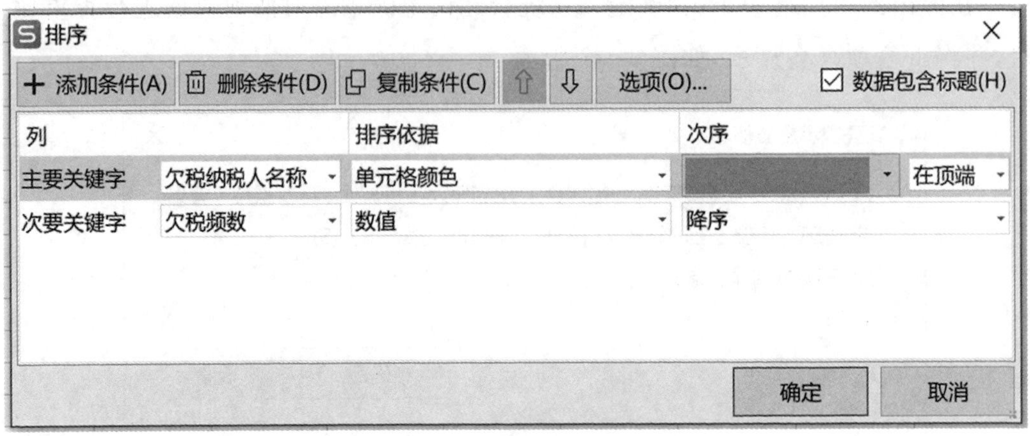

S 排序						×
＋ 添加条件(A)	🗑 删除条件(D)	🗐 复制条件(C)	↑ ↓	选项(O)...		☑ 数据包含标题(H)
列		排序依据			次序	
主要关键字	欠税纳税人名称 ▾	单元格颜色	▾			在顶端 ▾
次要关键字	欠税频数 ▾	数值	▾		降序	▾

		确定	取消

图 3-1-9 "排序"对话框

（二）结果解读

比对后的结果显示，欠税频数在 10 次以上的企业中，共有 32 家企业通过各种手段隐瞒信用记录，将自己包装成守信企业，进入政府采购供应商目录。其中，××矿业有限公司欠税竟达 89 次之多，如表 3-1-7 所示。

表 3-1-7 政采供应商中欠税频数在 10 次以上的企业

序号	欠税纳税人名称	欠税频数
1	××矿业有限公司	89
2	××化工仪器有限公司	47
3	××建筑工程有限公司	33
4	××集团有限公司	32
5	××光伏新能源有限公司	32
6	××箱包有限公司	32
……	……	……
32	××医疗器械有限公司	10

（三）与"选择个案"选项组合应用

通过查重功能发现，政采供应商里面确实存在一定问题，因此加入"选择个案"选项开展组合应用。在此我们不妨换个思路：假如单次欠税超过 1 万元的为恶意欠税,那么可以通过 SPSS 软件的"选择个案"选项,选取单次欠税 1 万元以上的纳税主体进行深度挖掘,并与政采供应商名录进行比对。操作过程在后续章节中会做专门讲述,本例省略过程,只分析结果。

结果显示,在政采供应商中,单次欠税 1 万元以上的企业共 73 家,远超欠税 10 次以上的情况。其中,单次欠税过万元且累计欠税频数超过 10 次的有 13 家,如表 3-1-8 所示。

表 3-1-8　政采供应商中单次欠税 1 万元以上的企业及欠税次数

序号	欠税纳税人名称	单次欠税过万元频数
1	××光伏新能源有限公司	22
2	××化工仪器有限公司	18
3	××医疗设备有限公司	18
4	××建筑安装工程有限公司	15
5	××建设工程有限公司	14
6	××环保科技股份有限公司	14
……	……	……
13	××技术有限公司	10
……	……	……
73	××服饰有限公司	1

(四)与描述功能组合应用

结合 SPSS 描述功能,对欠税主体进行精准挖掘。例如,某化工仪器有限公司不论欠税金额高低,总计欠税 47 次,单次欠税万元以上 18 次,如表 3-1-9 所示。

表 3-1-9　对欠税主体进行精准挖掘的结果

纳税人名称	欠税频数	单次万元以上频数	最大欠税金额/元	欠税税种	税费所属期起	税费所属期止
××化工仪器有限公司	47	18	45703	城镇土地使用税	2016-7-1	2016-9-30

纳税人名称	欠税频数	单次万元以上频数	最大欠税金额/元	欠税税种	税费所属期起	税费所属期止
××建筑工程有限公司	33	11	563943	企业所得税	2016-1-1	2016-12-31
××集团有限公司	32	3	32061	城市维护建设税	2017-6-1	2017-6-30
……	……	……	……	……	……	……

（五）"选择个案"与描述功能组合应用

通过 SPSS 的"选择个案"选项,选定××化工仪器有限公司。调取原始数据可以看到,该公司纳税人识别号为 3704817062×××××,法定代表人×××,2015 年 9 月 1 日至 2017 年 3 月 31 日间共欠税 47 次,欠税期间最大欠税金额为 45703 元,发生时间为 2016 年 7 月 1 日至 2016 年 9 月 30 日,涉税领域为城镇土地使用税。

再结合描述功能进行深度挖掘,结果显示该公司在城市维护建设税和印花税领域各有 12 次欠税行为,如表 3-1-10 所示。

表 3-1-10　结合描述功能进行深度挖掘的结果

税种	频数	百分比	累积百分比
城市维护建设税	12	25.5%	25.5%
印花税	12	25.5%	51.1%
个人所得税	10	21.3%	72.3%
城镇土地使用税	7	14.9%	87.2%
房产税	6	12.8%	100%
合计	47	100%	—

针对城市维护建设税再度挖掘,总计涉税金额为 110118.9 元,平均欠税 9176.6 元,最小欠税金额为 1807 元,最大欠税金额为 29349 元,如表 3-1-11 所示。

表 3-1-11　针对城市维护建设税再度挖掘的结果

	总计/元	110118.9
城市维护建设税	均值/元	9176.6
	标准差/元	55764483.06
	极小值/元	1807
	极大值/元	29349

四、大数据查重思考

(一)强化数据的标准化治理

数据标准化治理是大数据工作的基础,是增强部门业务协同合作、提升大数据决策能力的重要前提,有助于消除各部门间的数据壁垒,方便数据的共享开放。以本次税务部门发布的欠税信息为例,因为时间跨度大,前后录入标准不统一(主要是时间格式不统一),造成首轮剔除不全面。如果不能有效剔除最终 48% 的重复项,大数据挖掘结果将出现严重错误,误导宏观决策。

(二)强化大数据挖掘结果的推广应用

由于部门间业务各具特色,顶层设计(包括法律法规)各不相同,因此仅仅在技术层面完成共享仍不能有效地将数据应用到部门联合奖惩,导致本应受到惩戒的单位利用其他荣誉掩盖了失信行为,进而堂而皇之地入驻政采商城,不利于维护市场的公平公正。为此,各部门在共享数据时,需要加强业务流程对接,加强对挖掘结果的推广应用,让数据真正"活"起来,还市场一个公平竞争的环境。

第二节　数据转换

在数据预处理过程中,对部分变量需要重新定义,或者需要计算生成新的变量,这就需要用到数据转换功能。还以山东省欠税公告信息中的数据为例进行演示,主要使用 SPSS 软件"转换(T)"选项中的"重新编码为相同变量"和"重新编码为不同变量"进行操作。

一、提出问题

在"欠税税种"指标中,有"城镇土地使?"和"城市维护建?"信息,如图 3-2-1 所示。根据税务常识和上下关联看,应当为"城镇土地使用税"和"城市维护建设税",为此需要将原单元格中的错误信息全部替换为规范名称。

🐾欠税税种	🐾税费所属期起	🐾税费所属期止	✏欠税金额
城市维护建?	2017/06/30	2017/06/30	27500
城镇土地使?	2017/04/01	2017/06/30	600
城镇土地使?	2017/04/01	2017/06/30	105250
房产税	2015/04/01	2015/06/30	149938
印花税	2017/07/01	2017/07/31	78
城镇土地使?	2015/07/01	2015/09/30	57362
城镇土地使?	2016/10/01	2016/12/31	850
城镇土地使?	2016/10/01	2016/12/31	850
个人所得税	2017/04/01	2017/06/30	281
城市维护建?	2017/04/01	2017/04/30	50
城市维护建?	2017/04/01	2017/04/30	50
城市维护建?	2017/04/01	2017/06/30	252
城市维护建?	2017/04/01	2017/06/30	252
个人所得税	2017/04/01	2017/06/30	413
个人所得税	2017/04/01	2017/06/30	413

图 3-2-1 "欠税税种"指标

二、实现步骤

步骤 1:在工具栏中选择"转换(T)",在下拉列表中单击"重新编码为相同的变量(S)",表示在原变量中直接替代,如图 3-2-2 所示。

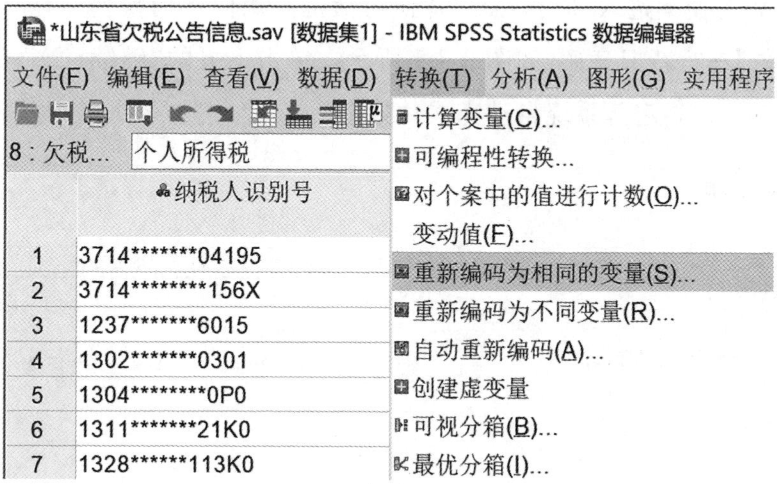

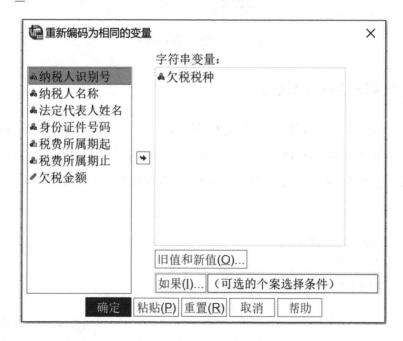

图 3-2-2　单击"重新编码为相同的变量(S)"

步骤 2:在弹出的"重新编码为相同的变量"对话框中,从左侧指标栏选择"欠税税种",单击中间的选取箭头,使其进入右侧"字符串变量"对话框,然后单击"旧值和新值(O)…",如图 3-2-3 所示。

图 3-2-3　选择"欠税税种"

步骤 3:在"重新编码为相同变量:旧值和新值"对话框中,在左上方"旧值"中输入"城镇土地使?",在右上方"新值"中输入"城镇土地使用税",然后单击右下方的"添加（A）"，使其进入"旧新（D）"替换对话框。用同样的操作方法，也对"城市维护建设税"进行新旧替换，如图 3-2-4 所示。单击下方的"继续（C）"按钮返回主对话框，再单击"确定"，系统自动完成替换。

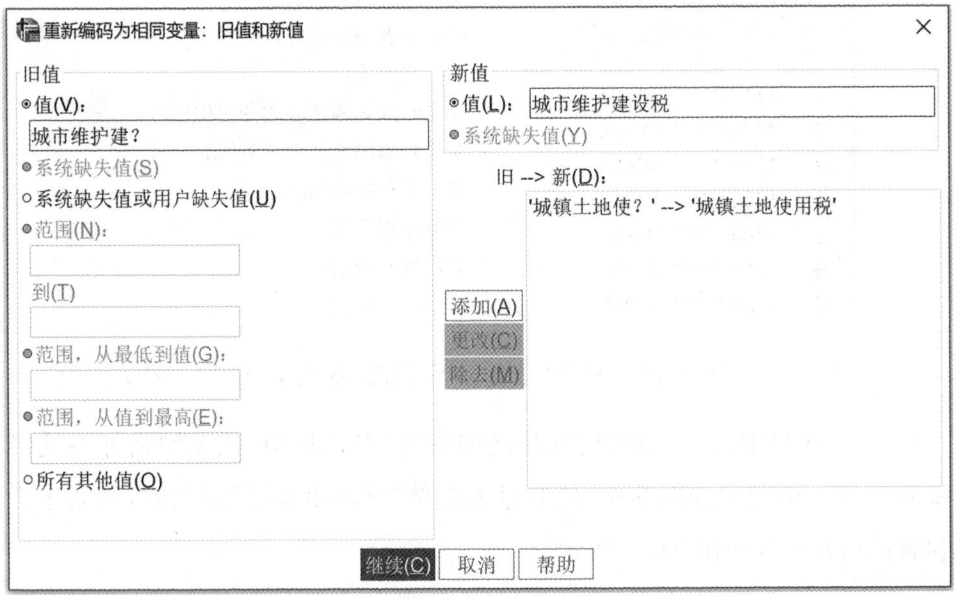

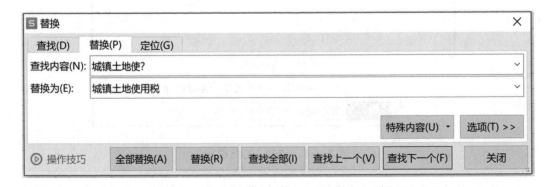

图 3-2-4　新旧替换操作

三、数据转换功能对比

从便捷性看，通常情况下，最便捷的数据转换选项是 Excel 中的"查找替换"。如果本案例使用 Excel 处理，则操作非常简单：在"替换"对话框中输入要查找的内容和要替换为的内容，单击"全部替换（A）"即可完成，如图 3-2-5 所示。

图 3-2-5　"替换"对话框

从个性化的角度看,SPSS软件"转换(T)"选项中的"重新编码为相同变量:If个案"和"重新编码为不同变量:If个案"对话框均有"If"选项,即只有在满足某个前提条件时才会对数据进行转换,主要用于个性化选择。"重新编码为相同变量:If个案"对话框如图3-2-6所示。

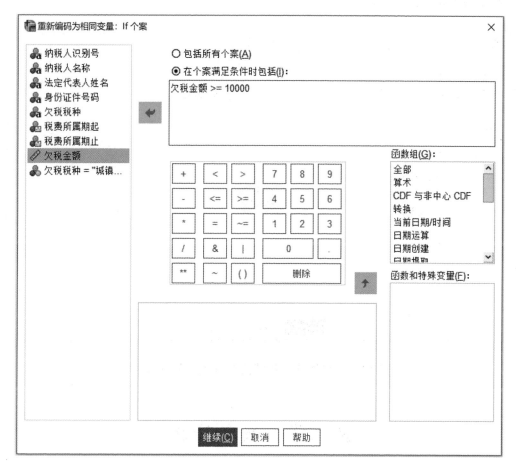

图3-2-6 "重新编码为相同变量:If个案"对话框

从使用需求看,SPSS软件较为人性化。如果需要在原单元格替换,则选用"重新编码为相同变量:If个案";如果需要生成新的一列变量,则选用"重新编码为不同变量:If个案",此时原单元格数据不变,新生成单元格数据为替换后的数据。

此外,SPSS软件还可以将连续变量替换为分类变量。以欠税金额为例,假如按金额大小进行分类,可设1~5000元为第一类,用1表示;5001~10000元为第二类,用2表示,以此类推。在新旧替换对话框左侧的"范围(N)"中设定取值范

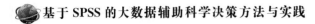

围,然后在右侧新值"值(L)"中设定对应的分类,再单击下方的"添加(A)",系统会自动进行标识。然后按照系统提示进行操作,最后完成连续变量和分类变量的替换,如图3-2-7所示。

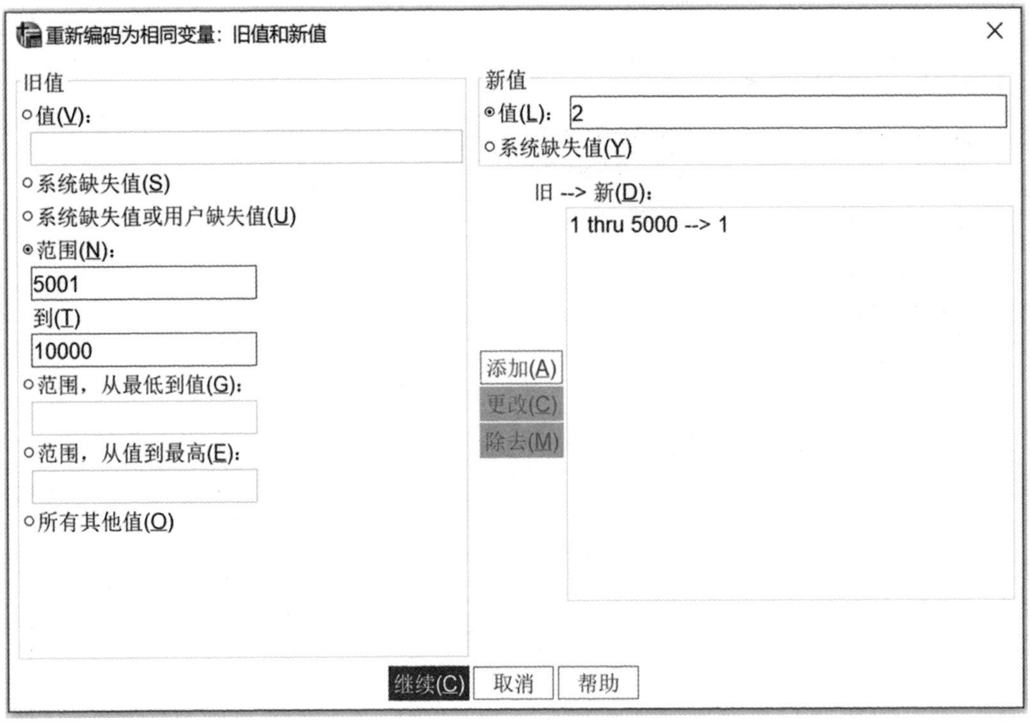

图 3-2-7　将连续变量替换为分类变量的操作

第三节　数据计算

　　获取数据后,往往需要对个别变量进行计算处理,生成新的结果变量。例如,计算某项指标全部样本的均值、总和;或者对全部样本进行部分指标计算以生成新的指标,比如,对全班学生的数学、语文、英语等考试科目成绩进行平均,生成每位学生的平均成绩。对于常规的计算,从操作便捷性和可视化角度看,用 Excel 实现最为便捷。如果涉及条件计算或者更为复杂的统计计算,则 SPSS 的优势更为明显。下面就以 2020 年山东省各县(市、区)主要经济指标为例进行演示。

一、提出问题

在山东省统计局官网中查找"公共数据",选择"年度数据"中的《山东统计年鉴(2021)》,选择其中的第二十二篇"各县(市、区)主要经济指标"。本篇资料反映了山东省各县(市、区)2020年经济社会事业发展基本情况,主要包括人口、土地面积、农业、财政、金融、出口、收入和教育等方面的内容。读者可以自行访问网站下载数据,也可以通过统计年鉴获取。

本例要求在原始数据的基础上,根据各县(市、区)地区生产总值和年末总人口两项指标,生成新的统计指标"人均地区生产总值"。

二、实现步骤

(一)Excel 实现步骤

因为地区生产总值单位是"亿元",年末总人口单位是"万人",因此人均地区生产总值=地区生产总值/年末总人口×10000。在 D 列单元格新增变量"人均地区生产总值",然后选择第一个有效样本对应的 D3 单元格,在单元格中输入计算公式"=C3/B3 * 10000",按回车键后系统会自动计算结果。然后单击 D3 单元格,在右下角光标变为黑色实心十字花后按住鼠标左键向下拖拽,则相关单元格会自动复制公式进行计算,并显示结果(见图3-3-1)。

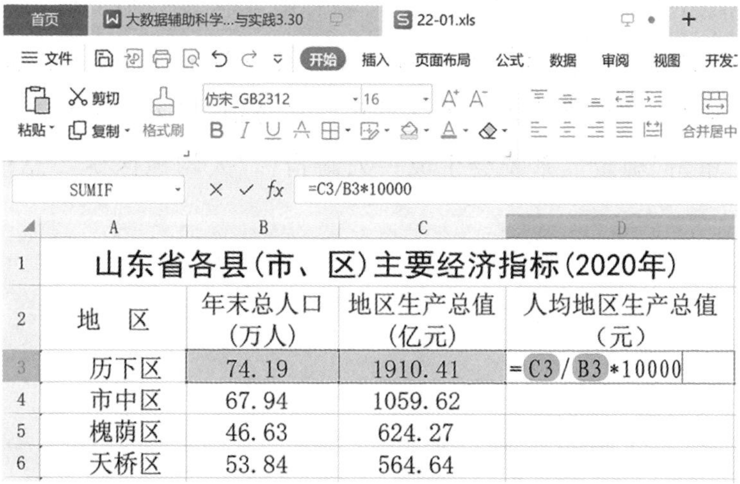

图 3-3-1 在 D 列单元格新增变量"人均地区生产总值"

注意,如果在计算过程中都是相对引用各样本同一行相同位置的数据进行计算,则上述操作方式不变。但如果引用的是固定位置的数据,如所有计算都要引用 C3 单元格数据,则需要绝对引用,公式为"＝＄C＄3/B3＊10000"。有时候根据需要还会采取混合引用方式,在此不再赘述。

(二)SPSS 实现步骤

步骤 1:将数据导入 SPSS,在工具栏"转换(T)"中选择"计算变量(C)",如图 3-3-2 所示。

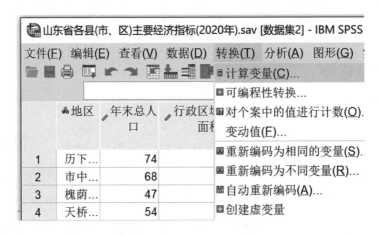

图 3-3-2　在工具栏"转换(T)"中选择"计算变量(C)"

步骤 2:在弹出的"计算变量"对话框左上方的"目标变量(T)"中输入"人均地区生产总值",并将下方的"地区生产总值"和"年末总人口"选入右上方"数字表达式(E)"对话框中。在指标中间插入除法符号"/",并在"年末总人口"后输入"＊10000",即人均地区生产总值＝地区生产总值/年末总人口×10000,如图 3-3-3 所示。单击"确定",系统会生成一列新指标"人均地区生产总值",并计算相应数值。

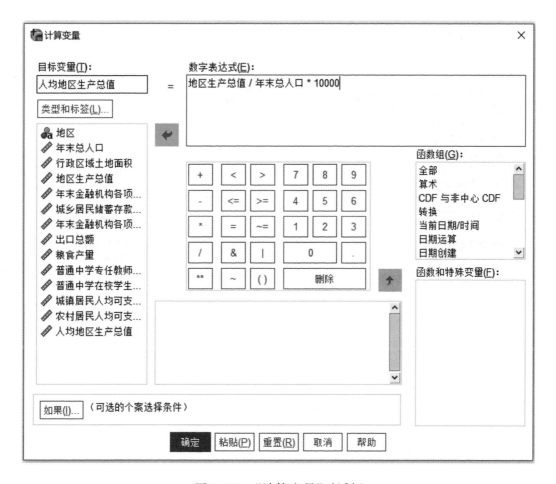

图 3-3-3　"计算变量"对话框

SPSS 的此类简单操作与 Excel 相似,但 SPSS 最大的优势有以下两个。

优势一:"计算变量"对话框左下方有"如果(I)"选项,单击该选项后,在对话框中可以按条件选择想要计算的样本,比如只计算城镇居民人均可支配收入比农村居民人均可支配收入高 1 万元以上的县(市、区)的人均地区生产总值,具体操作如图3-3-4所示。

图 3-3-4　按条件选择想要计算的样本

优势二:"计算变量"对话框和"如果(I)"对话框的右下角都有"函数组(G)"和"函数和特殊变量(F)"对话框,可以进行更为复杂的函数计算。具体操作可根据工作需要进行选择,后文在应用时会具体讲述。

第四节　缺失值处理

数据库往往都含有不完全变量,即因某种原因导致变量中出现缺失值。造成数据缺失的原因很多,最常见的就是数据无法获取、数据遗漏或丢失、大数据采集设备发生故障等。数据缺失在许多研究领域都是一个棘手的问题,对数据挖掘来说,数据缺失可能造成系统丢失核心信息,增加分析结果的不确定性,甚至使分析挖掘陷入混乱,无法输出计量结果。

一、缺失值常规处理方法

对于缺失值,最常用的处理方法有两种:一种方法是删除含缺失值的样本。当样本容量大而含有缺失值的样本数量少时,通过删除小部分样本可以实现目标,这种方法简单粗暴却有效。但如果含有缺失值的样本占比高,这种方法可能导致总体分布发生偏离,容易形成错误的结论。另一种方法是缺失值替代,从实现方法上看,一般包括平均值填充(即用全部样本的平均值来填充该缺失值)、K最近距离法(即根据欧氏距离或相关分析来确定距离缺失值样本最近的 K 个样本,然后将 K 个值加权平均填充缺失值)和回归法(即通过回归方程估计值代替缺失值)。

二、SPSS 处理缺失值的基本步骤

SPSS 提供了五种处理缺失值的方法,在此以 2020 年山东省各县(市、区)主要经济指标为例进行演示。

步骤 1:用 SPSS 打开文件,在工具栏选择"转换(T)"中的"替换缺失值(V)",如图 3-4-1 所示。

图 3-4-1　选择"转换(T)"中的"替换缺失值(V)"

步骤 2：在弹出的"替换缺失值"对话框里，从左侧变量中把需要替换缺失值的变量选入右上方的"新变量(N)"中，系统会默认新变量名称为"原变量名_1"，如图 3-4-2 所示。

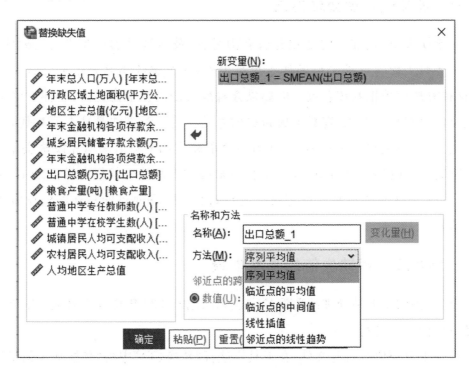

图 3-4-2　在"替换缺失值"对话框中的操作

系统自带的五类方法分别为序列平均值法（即用该变量全部序列非缺失值的平均值替代）、临近点平均值法（即用缺失值临近点的非缺失的平均值替代，取多少个临近点可以自行定义）、临近点中间值法（即用缺失值临近点的非缺失值的中位数替代，取多少个临近点可以自行定义）、线性插值法（即用两个已知量的直线来确定在这两个已知量之间的某个未知量的值进行替代）和邻近点线性趋势法（即用线性拟合的计算值进行替代）。

步骤 3：根据实际需要，选择适当的替代方法，然后单击"确定"，系统会根据设定模式进行缺失值替代，并生成新的变量。

第五节　数据标准化

对经济社会发展开展综合评价是科学决策的重要依据。随着评估面不断扩大，使用简单指标评价总体情况有失偏颇，因此多指标综合评价方法应运而生。在多指标评价体系中，由于变量的计量单位不同，数量级也不同（如宏观经济指标中，一个省的地区生产总值的量级为万亿元，而居民人均可支配收入量级为元；粮食产量的计量单位为吨，而年末总人口的计量单位为万人），因此无法直接使用原始指标值进行分析评价。为保证结果的公平性和可靠性，需要对原始数据进行标准化处理，以消除量纲的影响。

一、数据标准化处理的基本原理

数据标准化处理是最为常见的量纲化处理方式，其基本原理是将数据按比例缩放，使之落入一个小的特定区间，将原始数据转化为无量纲指数，便于不同单位或量级的指标进行比较和加权。数据标准化的方法有很多种，常用的有 Min-Max 标准化和 Z-score 标准化等。

（一）Min-Max 标准化

Min-Max 标准化是将原始值 x 通过标准化映射为区间 $[0,1]$ 上的 x'，其公式为

$$x' = \frac{x - x_{\min}}{x_{\max} - x_{\min}}$$

式中，$x_{\max}$ 为该指标的最大值，$x_{\min}$ 为该指标的最小值。

（二）Z-score 标准化

Z-score 标准化也叫标准差标准化，是基于原始数据的均值和标准差进行数据标准化的一种方法，其公式为

$$x' = \frac{x - u}{\sigma}$$

式中，u 为该指标的均值，σ 为该指标的标准差。

Z-score 标准化处理的数据符合标准正态分布，该标准化方法广泛用于机器学习算法。在聚类分析、主成分分析等需要使用距离来度量相似性的操作中，或者使用协方差分析降维时，Z-score 标准化表现尤为出色。

二、数据标准化的基本步骤

Excel 中没有现成的标准化函数，需要自行输入公式分步计算。SPSS 默认的标准化方法是 Z-score 标准化。下面以 2020 年山东省各县（市、区）主要经济指标

为例进行演示。

（一）实现步骤

步骤 1：用 SPSS 打开文件，在工具栏选择"分析（A）"，选择"描述统计（E）"中的"描述（D）"选项，如图 3-5-1 所示。

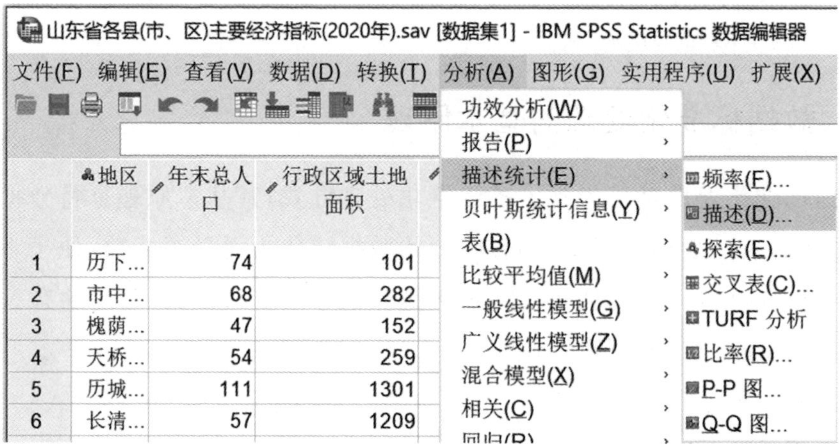

图 3-5-1　单击"描述统计（E）"中的"描述（D）"选项

步骤 2：在弹出的"描述"对话框中，将左侧的"地区生产总值"指标选入右侧的"变量（V）"一栏中，并选中左下角的"将标准化值另存为变量（Z）"。根据实际需要，也可以选择其他指标同时进行标准化处理，如图 3-5-2 所示。

图 3-5-2　将左侧的"地区生产总值"指标选入右侧的"变量（V）"一栏中

步骤 3:单击"确定",系统会默认以 Z-score 标准化方法,对选中的指标进行标准化处理,并将结果自动填充到新生成变量"Z 地区生产总值"(标准化后无单位),如表 3-5-1 所示。

表 3-5-1 地区生产总值与 Z 地区生产总值

地区	地区生产总值/亿元	Z 地区生产总值
历下区	1910	2.96
市中区	1060	1.14
槐荫区	624	0.21
天桥区	565	0.09
历城区	2372	3.95
长清区	339	−0.40
章丘区	1002	1.02
济阳区	258	−0.57
莱芜区	807	0.60
……	……	……

(二)注意事项

(1)Min-Max 标准化和 Z-score 标准化结果并不相同,前者标准化值分布在[0,1]区间,而后者的计算方法是测量原始数据与总体均值相差多少个标准差,所以得分经常有负数或者带小数点的值。在本例中,历下区标准化地区生产总值为2.96,表示历下区真实的地区生产总值高于全部平均值 2.96 个标准差。同理,长清区真实的地区生产总值低于全部平均值 0.40 个标准差。

(2)Z-score 结果符合标准正态分布,因此可以从标准化结果推断样本值在正态分布曲线中所处的位置。Z-score=0 表示该样本正好位于均值处,历下区得分远高于 0,则处于正态分布均值的右侧。

(3)T 分数转换。在实际工作中,使用 Z 分数并不直观,通常会进行 T 分数转换,使之成为正的数值,满足人们的正常使用习惯。T 分数转换的计算公式为

$$T = 10Z + 50$$

式中，T 为 T 分数，Z 为 Z-score 标准得分。

对上述案例的结果进行 T 分数转换后，历下区地区生产总值 T 分数为79.64，长清区为46.03，符合人们的日常习惯和认知，结果如表 3-5-2 所示。

表 3-5-2 对上述案例进行 T 分数转换后的结果

地区	地区生产总值/亿元	Z 地区生产总值（标准化后无单位）	T 地区生产总值（标准化后无单位）
历下区	1910	2.96	79.64
市中区	1060	1.14	61.44
槐荫区	624	0.21	52.13
天桥区	565	0.09	50.86
历城区	2372	3.95	89.50
长清区	339	−0.40	46.03
章丘区	1002	1.02	60.22
济阳区	258	−0.57	44.31
莱芜区	807	0.60	56.05
……	……	……	……

第四章 描述与推断

分析数据,尤其是分析大数据时,必须要有数据大局观,要学会观察数据的总体特征,比如数据集中趋势如何、离散趋势如何、服从什么分布、存在什么规律等,这就要用到描述与推断。

描述与推断属于传统统计学范畴,该方法体系致力于搜集、整理、分析数据并进行合理推断,以探求事物的本质和规律,是获取数据、分析数据、运用数据最常用、最基本的渠道,是揭开数据神秘面纱的最有效方法,也是领导干部做好工作的基本功。随着信息技术的飞速发展和数学理论的不断拓展,统计工作的方法和技术手段也在不断优化,由此演化出了庞大的交叉学科体系。借助计算机手段,描述与推断不仅能用于常规统计数据,也可以用于大数据,区别在于计算量的多寡而已。

第一节 基本概念与原理

描述是通过图表和数学方法对数据的分布状态、数字特征、随机变量之间的关系进行估计和描述的方法,相关指标有集中趋势、离散趋势和分布特征等。

推断是通过样本数据推断总体特征的统计方法,因个体是总体的一部分,故局部的特性能反映全局的特点。从总体中随机抽取部分样本,在一定的置信水平下,根据样本的观测数据,可以对未知的总体特征做出以概率形式表述的推断,主要包括参数估计和假设检验。

一、集中趋势

集中趋势是表明总体分布的一个重要特征值,反映变量的观测值在一定时间、空间条件下的共同性质和一般水平,常用的描述指标有平均值、中位数和众数等。

(一)平均值

平均值是最常用的集中趋势描述指标,主要用于反映一组数值型数据的平均水平。平均值的计算方法有多种,比如简单平均数、加权平均数、几何平均数等。

平均值容易受到极值影响,不适用于严重偏态分布的变量。例如,个别人收入极高,导致其他人员平均工资被代表,不能反映出工资的真实平均水平。

(二)中位数

将全体数据按照大小顺序排序,在整个数据列中处于中间位置的值就是中位数。中位数把全部数值分为两部分,比它大和比它小的数值的个数正好相等。当数据集是奇数时,中位数是中间的数值;当数据集是偶数时,中位数是中间两个数的平均值。

中位数是位置平均数,不受极值影响,数据中存在极值时,中位数比平均值更有代表性。但中位数只考虑居中位置,对全部数据的利用不充分,当样本量较小时数值不太稳定。

(三)众数

众数是一组数据中出现次数最多的变量值,多用于分类数据,不受极值影响,但没有太明确的统计特征,一般很少使用该指标。

此外,集中趋势中还有一些较为复杂的描述指标,如截尾均数主要用于消除平均值中的极值影响,最常用的是 5% 截尾均数,即删除 5% 的极大值和极小值,然后重新计算平均值。如果截尾均数与平均值相差不大,则说明数据中不存在极值,或者两侧极值的影响正好可以相互抵消。

二、离散趋势

在实际工作中,仅仅用集中趋势来描述数据特征是远远不够的,因为集中趋势会说谎。比如平均值相同的两组数据,一组数据分布集中、差异小,则平均值的代表性好;另一组数据比较分散、差异大,则平均值的代表性差,因此需要引入离散趋势的概念。

离散趋势是指变量的观测值偏离中心位置的趋势,主要用来反映数据之间的差异程度,常用的描述指标有全距、平均差、方差、标准差、四分位差、变异系数等,其中方差和标准差最常用。

(一)全距

全距也称为极差,是指一组数据的最大值和最小值之差,反映的是一组数据的最大离散值,是一种最简单的离散趋势描述指标。但全距忽略了全部数据的细微差异,即两组数据的极差可能相同,而内部的离散程度不同,因此不能完全反映真实离散程度,故常用于一般预备性检查。

(二)平均差

平均差是指一组数据中各数据与平均值的离差绝对值的算术平均数。因为一组数据中各数据对平均值的离差有正有负,其和为零,因此平均差必须用离差的绝对值来计算。平均差越大,表示数据之间的变异程度越大,反之则变异程度越小。

(三)方差和标准差

平均差用绝对值来度量离散程度,虽然避免了正负离差的相互抵消,但不便于运算。一般情况下用方差(σ^2)来度量。方差是各数据与平均值离差平方和的平均数,其值越大说明数据越分散。因方差的计量单位和量纲不便于从经济意义上解释,所以实际工作中多用方差的算术平方根——标准差(σ)来度量。

(四)四分位差

将一组数据由小到大排序后,用三个点将全部数据分为四等份,与这三个点的位置相对应的数值称为四分位数,分别记为 Q_1(第一四分位数),说明数据中有 25% 的数据小于等于 Q_1;Q_2(第二四分位数,即中位数)说明数据中有 50% 的数据小于等于 Q_2;Q_3(第三四分位数),说明数据中有 75% 的数据小于等于 Q_3。

Q_3 与 Q_1 的差即为四分位差,反映了中间 50% 数据的离散程度,其数值越小说明数据越集中,数值越大说明数据越离散。四分位差不受极值影响,又能反映较多数据的离散程度,当方差不适用时,四分位差不失为优选指标。

(五)变异系数

标准差只能度量一组数据对其平均值的偏离程度,若要比较两组数据的离散程度,直接使用标准差来进行比较有失偏颇,因两组数据的测量单位和量纲不尽相同,此时就要用变异系数进行测度。变异系数是数据的标准差与平均值的比,可以消除计量单位和平均值不同的影响。

三、分布特征

分布特征通常从分布的形状进行测度和描述,常用指标有偏度和峰度。

(一)偏度

偏度也称为偏态系数,是对数据分布偏斜方向和程度的度量。当分布对称时偏度值为 0,分布左偏时偏度值为负,分布右偏时偏度值为正。

(二)峰度

峰度又叫峰态系数,是对数据分布平峰或尖峰陡缓程度的度量。峰度的绝对值数值越大,表示其分布形态的陡缓程度与正态分布的差异程度越大。峰度为 0 表示分布与正态分布的陡缓程度相同;峰度大于 0 表示分布与正态分布相比较为陡峭,为尖顶峰;峰度小于 0 表示分布与正态分布相比较为平坦,为平顶峰。

四、参数估计

参数估计的核心依据是大数定律和中心极限定理,包括点估计和区间估计。

(一)点估计

点估计是在抽样推断中不考虑抽样误差,直接以抽样指标代替全体指标的一种推断方法。一般用最大似然估计法和最小二乘估计法进行点估计。点估计有自身的缺陷,因为抽样指标不完全等同于全体指标,不可避免地会出现误差。

(二)区间估计

区间估计是在点估计的基础上,用样本统计量加减估计误差得到总体参数估计的一个区间范围,用一定的概率保证误差不超出给定的范围。

五、数据可视化

数据可视化能够直观反映数据的主要特征,比文字表达更清晰、更简明。数据可视化的常规图形包括直方图、箱线图、误差图等。

(一)直方图

直方图又称质量分布图,是一种带有控制界线的统计报告图,由一系列高度不等的矩形表示数据分布情况。直方图不是条形图,条形图用于展示分类数据,其高度表示各类别频数的多少,其宽度是固定的;直方图用于展示数值型分组数据,矩形的高度表示每一组的频数,宽度表示各组的组距,其高度和宽度均有意义。另外,由于分组数据具有连续性,因此直方图的各矩形通常是连续排列的,而条形图的各矩形则是分开排列的。同时,直方图和条形图也有相似之处,在平面直角坐标系中,它们的横轴都表示分组,纵轴都表示频数大小。

以 2020 年山东省各县(市、区)主要经济指标为例,对山东省 136 个县(市、区)年末总人口做直方图,效果如图 4-1-1 所示。SPSS 软件在绘制直方图的同时,会自动显示变量的平均值、标准差和样本量。本例中的年末总人口平均值为74.8万人,标准差为 31.708 万人,样本量为 136 个。

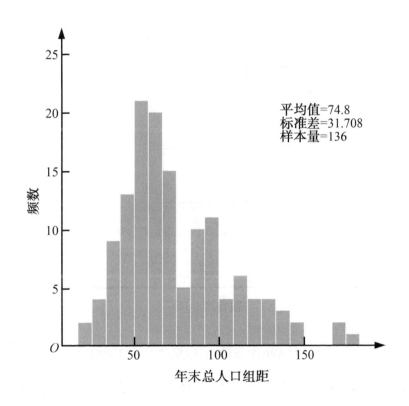

图 4-1-1　山东省 136 个县(市、区)2020 年年末总人口直方图

直方图能够显示各组频数分布的情况,易于观察各组间频数的差别,用于生产过程可以判断生产是否稳定,预测生产过程的质量。理想状态下的直方图中间高、两边低,左右对称,与标准正态分布相似。此外还有异常型的直方图,比如孤岛型、双峰型、偏态型等。

（二）箱线图

箱线图是一种显示数据分散情况的统计图,能显示出一组数据的最大值、最小值、中位数、上下四分位数、离群点等,因其形状像箱子而得名,常用于品质管理。

以 2020 年山东省各县(市、区)主要经济指标为例,对 136 个县(市、区)粮食产量绘制箱线图,效果如图 4-1-2 所示。

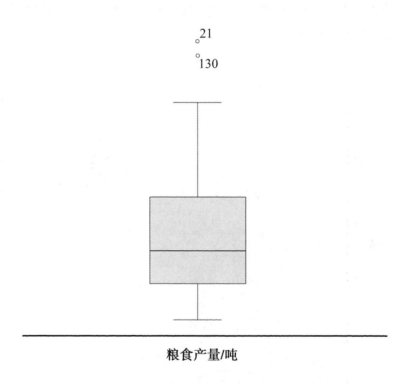

图 4-1-2　对 136 个县(市、区)粮食产量绘制的箱线图

在箱线图中,方箱为箱线图的主体,箱体上端表示第 75 百分位数,下端表示第 25 百分位数,中间粗线为中位数。上下两头延伸出的横线表示正常情况下的最大值和最小值。本例中存在异常值,分别为第 21 个样本平度市的粮食产量和第 130 个样本曹县的粮食产量。根据系统提示,找到原始数据重新校对,发现这两个县(市)的粮食产量确实明显高于其他地区,并非录入错误,这也充分说明系统对异常值十分敏感。

第二节 假设检验

一、基本概念

假设检验是用来判断样本与样本、样本与总体的差异是由抽样误差引起,还是由本质差别造成的推断方法。

假设检验的基本思想是反证法和小概率原理。先假设真实差异不存在,表面差异全为抽样误差引起。然后计算这一假设出现的概率,根据小概率事件实际不可能性原理,判断假设是否成立。如果这种事件发生的概率很小(比如小于5%),那么就拒绝原来的假设而接受备择假设。这种判断对样本所属总体所做假设是否成立的方法就称为假设检验。

显著性检验是假设检验中最常用的一种方法,其基本原理是先对总体的特征做出某种假设,然后通过抽样统计推理,对此假设应该被拒绝还是被接受做出推断。常用的假设检验方法有 Z 检验、t 检验、卡方检验、F 检验等。

假设检验有两类方法:在总体分布未知的情况下,根据样本数据对总体的分布特征进行推断,通常采用的方法是非参数检验;在总体分布已知(如总体为正态分布)的情况下,通常采用的方法是参数检验。

假设检验有两类错误:第一类错误是在假设检验中拒绝了本来是正确的原假设,称为"弃真"错误;第二类错误是在假设检验中没有拒绝本来是错误的原假设,称为"取伪"错误。

在进行假设检验时,犯第一类错误的最大概率称为检验的显著水平,这个概率记为 p。p 值就是当原假设为真时,比所得到的样本观察结果更极端的结果出现的概率。p 值越小,表明结果差异越显著,我们拒绝原假设的理由越充分。但检验的结果究竟是"显著""中度显著"还是"高度显著",需要根据 p 值大小和实际业务做出判断。通常预先设定的检验水平为 0.05 或 0.01。以显著水平是 0.05(5%)为例,在 100 次试验中大约有 95% 的把握做出正确的决策。拒绝假设的显著水平为 0.05,即犯"拒绝本应该接受的假设"这类错误的概率是 5%。在后续章节中,一般情况下我们用 0.05 作为检验水平,如果 p 值明显小于 0.01,则用 0.01 作为检验水平,因为 0.01 更为严格,更能说明显著性。

二、假设检验的基本步骤

假设检验的基本步骤如下:

第一步:对样本提出原假设,记作 H_0;与 H_0 相对立的备择假设记为 H_1,当 H_0 被拒绝时采用 H_1,两者非此即彼(H_0 表示样本与总体或样本与样本间的差异是由抽样误差引起的,H_1 表示样本与总体或样本与样本间存在本质差异)。

第二步:确定显著水平。通常预先设定检验显著水平取值 0.05,在医药、高端化工等领域要求更高,一般取值 0.01。

第三步:选定检验方法。根据数据类型和特点,通常采用 Z 检验、t 检验、F 检验、卡方检验等方法。

第四步:比较结果。将算得的概率 p 值与显著水平比较,根据小概率事件实际不可能性原理作出接受还是否定的推断。如果 p 值小于显著水平,则拒绝原假设,选择备择假设,即差异不太可能仅由抽样误差所致,很可能是由实验因素不同造成的,故在统计上成立,有统计学意义。如果概率 p 值大于显著水平,不应该拒绝原假设,即差异很可能是由抽样误差造成的,如果提高抽样样本量或者优化抽样方式,差异会趋于零。

三、假设检验应注意的问题

假设检验应注意的问题有以下方面:

(1)作假设检验之前,应注意数据本身是否具有可比性。

(2)当数据的差异有统计学意义时,应注意这样的差异有无现实意义。

(3)根据数据类型和特点,选用正确的假设检验方法。

(4)根据专业经验确定选用单尾检验还是双尾检验。当分析目的是要检验有没有显著差异,而不问差异的方向是正还是负时,采用双尾检验;反之采用单尾检验。

(5)判断结论不能绝对化,无论接受还是拒绝原假设,本身都保留了判断错误的可能性。

(6)要充分考虑样本量导致的检验效能问题。如果样本量太小,会导致检验效能降低,从而无法检验出可能存在的差异。

四、主要方法

SPSS 软件集合了很多假设检验方法,可以极大地提升运算能力,提高工作效率,主要包括正态假设检验、方差齐性检验、相关性检验、参数检验、非参数检验等。主要的分析方法有非参数检验(包括卡方检验、游程检验、二项检验、多独立样本的非参数检验等)、参数检验(包括单样本 t 检验、独立样本 t 检验、成对样本 t 检验、单因素方差分析、多因素方差分析、重复测量方差分析等)和相关性检验(包括皮尔逊系数检验、斯皮尔曼系数检验、肯德尔等级相关系数相关检验等)。

在上述检验中,非参数检验多用于统计分布检验,参数检验主要用于均值比较,相关性检验多用于回归分析。鉴于每种检验涉及的内容十分丰富,均可独立成章,因此本章只介绍基本概念和原理,后续将对均值比较、方差分析、相关分析、回归分析单独列章讲述。

第三节　描述在宏观经济监测中的应用

在本节里,我们以 2020 年山东省各县(市、区)主要经济指标为例,通过描述功能和探索功能,详细讲解描述在经济社会发展以及经济管理中的实践应用。

一、描述功能在宏观经济监测中的应用

山东省有 136 个县(市、区),经济指标多,若要了解总体情况,单纯依靠经验判断无从下手,而利用描述功能则可以非常直观、便捷地掌握各指标的基本统计量,以便辅助科学决策。

(一)实现步骤

步骤 1:用 SPSS 软件打开文件,在工具栏"分析(A)"中选择"描述统计(E)"中的"描述(D)"选项,如图 4-3-1 所示。

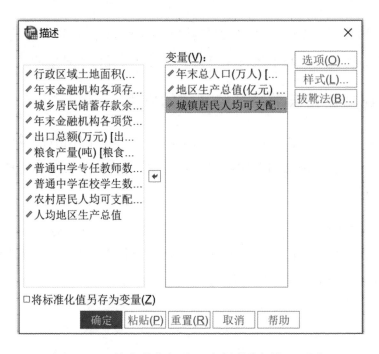

图 4-3-1 选择"描述统计(E)"中的"描述(D)"选项

步骤 2：在弹出的"描述"对话框中，将左侧的有关指标选入右侧的"变量(V)"中，本例选取的是年末总人口、地区生产总值、城镇居民人均可支配收入三个指标，如图 4-3-2 所示。

图 4-3-2 将有关指标选入右侧的"变量(V)"中

步骤 3：单击"选项(O)"，在弹出的"描述：选项"对话框中，可以根据实际需要选择相应的功能。其中,最上方是集中趋势的典型指标;中间是离散趋势下的核心指标,包括方差和标准误差平均值等。然后是分布,主要是峰度和偏度。读者可根据实际需要选择统计量,如图4-3-3所示。

图4-3-3 在"描述:选项"对话框中选择相应的选项

步骤4:单击"继续(C)"按钮,返回"描述"对话框,此时可以根据需要,单击左下方的"将标准化值另存为变量(Z)",计算各指标的标准化得分。单击"确定"按钮,系统会自动计算并给出结果。

(二)结果解读

表格第一列显示纳入计量的指标项,其他列显示集中趋势、离散趋势和分布状态。最终结果显示,有效样本为136个。以2020年年末总人口指标为例,从集中趋势看,全距为155万人,即人口最多的县(市、区)比人口最小的多155万人。最小值和最大值分别为21万人和176万人,平均值为74.8万人,2020年年末山东省总人口之和为10172万人,如表4-3-1所示。

表4-3-1 描述统计量

指标	全距	极小值	极大值	和	均值	标准差	偏度	峰度
年末总人口/万人	155	21	176	10172	74.8	31.7	0.9	0.6
地区生产总值/亿元	3602	119	3722	71348	524.6	467.6	3.4	17.6

续表

指标	全距	极小值	极大值	和	均值	标准差	偏度	峰度
城镇居民人均可支配收入/元	40442	24192	64634	5430384	39929.3	9193.3	0.6	−0.2

注:有效样本 N 为 136 个。

从离散趋势看,山东省 136 个县(市、区)2020 年年末总人口标准差为 31.7 万人,内部呈现一定的离散性。

从分布看,2020 年年末山东省总人口的偏度为 0.9,为右偏态分布,表现为个别变量值很大,使概率密度函数右侧的尾部比左侧的长,此时绝大多数的值位于平均值的左侧,即与正态分布相比,人口中低值的县(市、区)多一些。峰度为 0.6,大于 0,表示总体分布与正态分布相比略显陡峭,为尖顶峰。

二、探索分析在宏观经济监测中的应用

SPSS 还给出了另外一种描述功能,即探索分析,该功能可以对统计量进行更为细致的描述。在此,仍以 2020 年山东省各县(市、区)年末总人口指标为例进行介绍。

(一)实现步骤

步骤 1:在工具栏"分析(A)"中选择"描述统计(E)"中的"探索(E)"选项,如图 4-3-4 所示。

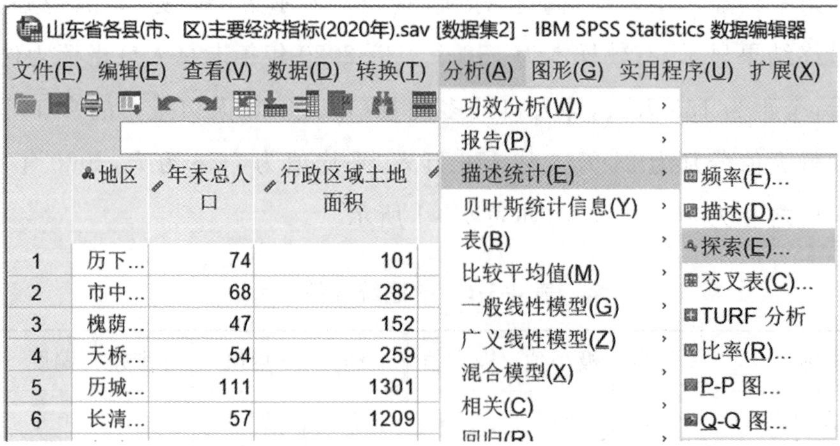

图 4-3-4 选择"描述统计(E)"中的"探索(E)"选项

步骤 2：在弹出的"探索"对话框中，将左侧的"年末总人口"指标选入右侧的"因变量列表(D)"，如图 4-3-5 所示。

图 4-3-5　将左侧的"年末总人口"指标选入右侧的"因变量列表(D)"

步骤 3：单击右上方的"统计(S)"按钮，在弹出的"探索：统计"对话框中选择所需的统计量，本例选择"描述(D)"和"百分位数(P)"选项。然后单击"继续(C)"按钮，返回"探索"对话框，如图 4-3-6 所示。

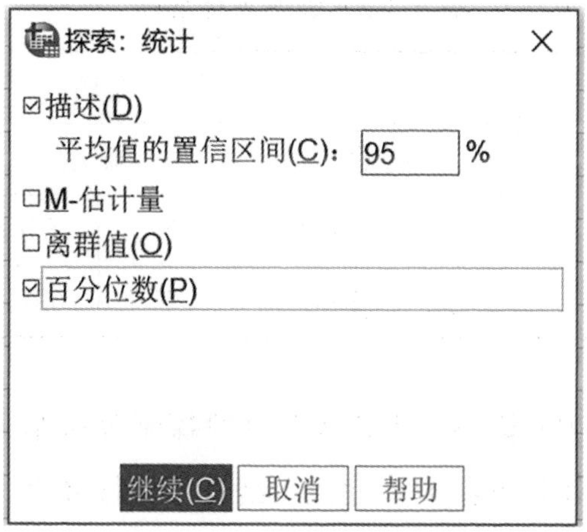

图 4-3-6　选择"描述(D)"和"百分位数(P)"选项

步骤 4:在"探索"对话框中单击"图(T)"按钮,在弹出的"探索:图"对话框中选择"描述图"下的"茎叶图(S)"和"直方图(H)",如图 4-3-7 所示。单击"继续(C)"按钮,返回"探索"对话框。

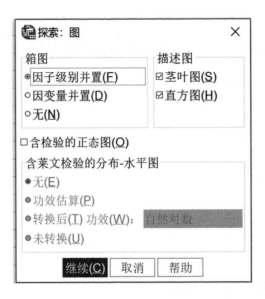

图 4-3-7　选择"描述图"下的"茎叶图(S)"和"直方图(H)"

步骤 5:在"探索"对话框中单击"确定"按钮,系统自动计算并给出结果。

(二)结果解读

案例处理摘要显示,2020 年山东省各县(市、区)年末总人口指标有效样本为 136 个,缺失值为 0,如表 4-3-2 所示。

表 4-3-2　案例处理摘要

指标	案例					
	有效		缺失		合计	
	N	百分比	N	百分比	N	百分比
年末总人口	136	100.0%	0	0.0%	136	100.0%

2020 年山东省各县(市、区)年末总人口的探索分析结果与描述分析的结果相同,只是显示方式不同,如表 4-3-3 所示,读者可自行解读。

表 4-3-3 探索分析结果

指标			统计量	标准误差
	均值		74.8	2.7
	均值的95%置信区间	下限	69.4	—
		上限	80.2	—
	5%修整均值		72.9	—
	中值		65.6	—
	方差		1005.4	—
年末总人口/万人	标准差		31.7	—
	极小值		21	—
	极大值		176	—
	范围		155	—
	四分位距		40	—
	偏度		0.9	0.2
	峰度		0.6	0.4

2020 年山东省各县(市、区)年末总人口直方图在上一节的直方图案例中已经解读过,此处不再赘述,如图 4-3-8 所示。

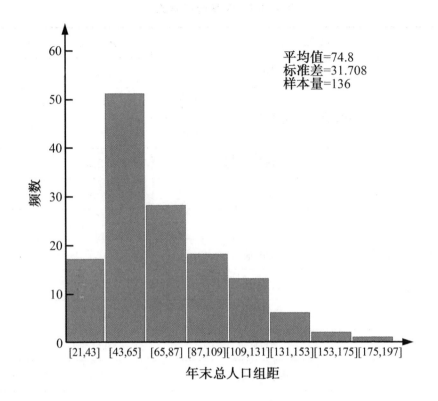

图 4-3-8　2020 年山东省各县(市、区)年末总人口直方图

　　2020 年山东省各县(市、区)年末总人口箱线图(见图 4-3-9)显示,数据中存在极值,分别为第 36 个、第 130 个和第 128 个样本。查询原始数据,经单独核对,滕州市(第 36)、曹县(第 130)和菏泽市牡丹区(第 128)确实存在总人口远大于其他县(市、区)的情况,人口结果无误。由此可以看出,软件的灵敏度极高,对于异常情况可以及时发现并预警,由此可以极大减少人为比对的工作量。不过最终决策者必须有深厚的业务经验,做到理论联系实际,不能就数论数,否则容易"错杀"有效样本。

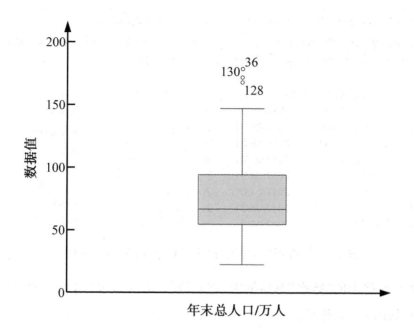

图 4-3-9 2020 年山东省各县(市、区)年末总人口箱线图

第四节 描述的延伸拓展

描述不仅能够直观显示指标的各项统计量,还可以助力经济管理,为宏观决策服务。在此仍以山东省欠税公告信息为例进行演示。凡是遇到大数据,首先要对样本进行查重处理,前面数据查重部分已有全面介绍,此处我们使用已经查重后的数据进行演示。本节通过频率功能和选择功能,展示描述在信用管理中的进一步应用,SPSS 实现步骤如下。

一、频率功能在信用管理中的应用

(一)实现步骤

步骤 1:在工具栏"分析(A)"中选择"描述统计(E)"中的"频率(F)"选项,如图 4-4-1 所示。

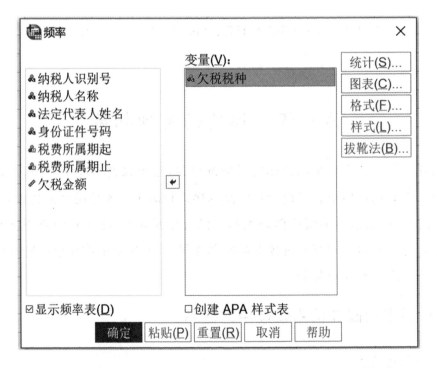

图 4-4-1　选择"描述统计(E)"中的"频率(F)"选项

步骤 2：在弹出的"频率"对话框中，将左侧的"欠税税种"选入右侧"变量(V)"对话框中，如图 4-4-2 所示。

图 4-4-2　将左侧的"欠税税种"选入右侧"变量(V)"对话框中

步骤 3：单击"统计(S)"按钮，进入"频率：统计"对话框，如图 4-4-3 所示。在百分位值、集中趋势、离散、分布的对话框中选取需要的统计量，然后单击"继续(C)"按钮，返回"频率"对话框。

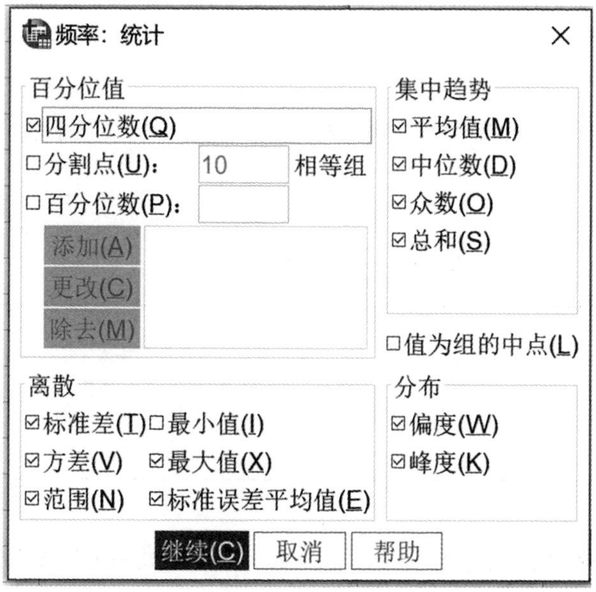

图 4-4-3 进入"频率:统计"对话框,选取需要的统计量

步骤4:在"频率"对话框中单击"图表(C)"按钮,进入"频率:图表"对话框,如图 4-4-4 所示。在图表类型中可以根据需要选择不同的图表,一般选择饼图。在图表值中可以选择"频率(F)",也可以选择"百分比(C)"。然后单击"继续(C)"按钮,返回"频率"对话框。

图 4-4-4 进入"频率:图表"对话框,选择不同的图表

步骤5:在"频率"对话框中单击"确定"按钮,系统自动计算并给出结果。

（二）结果解读

统计量结果显示,欠税税种的有效样本为 52286 个,也就是说,查重后的所有样本均有效,如表 4-4-1 所示。

表 4-4-1　统计量结果

欠税税种		
N	有效	52286
	缺失	0

欠税税种频数分析结果显示,在 52286 个欠税案件中,城镇土地使用税领域案发频率最高,为 18881 次,占全部的 36.1%;房产税占 21.3%,城市维护建设税占 17.5%,三者总计占全部的 74.9%,属于今后应重点监控的领域。其他结果读者可自行解读,如表 4-4-2 所示。

表 4-4-2　欠税税种频数分析结果

指标	频数	百分比/%	累积百分比/%
城镇土地使用税	18881	36.1	36.1
房产税	11157	21.3	57.4
城市维护建设税	9146	17.5	74.9
印花税	7500	14.3	89.3
个人所得税	3131	6.0	95.3
企业所得税	920	1.8	97.0
营业税	697	1.3	98.4
土地增值税	545	1.0	99.4
资源税	262	0.5	99.9
车船税	31	0.1	100
契税	8	0	100

续表

指标	频数	百分比/%	累积百分比/%
增值税	7	0	100
耕地占用税	1	0	100
合计	52286	100	—

饼图能更加直观地显示各领域涉案的比重,是列表的重要补充,如图 4-4-5 所示。

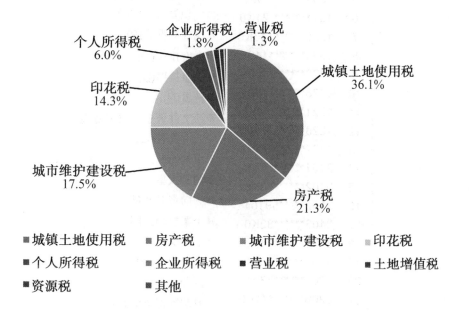

图 4-4-5　饼图显示的各领域涉案比重

通过分析可知,城镇土地使用税的占比最高,因此可以通过"选择个案"选项,将涉及城镇土地使用税的样本选出,结合"描述"选项做进一步的数据挖掘。

二、选择功能在宏观经济管理中的应用

对城镇土地使用税深度挖掘,首先要用到 SPSS 的"选择个案"选项,将所有城镇土地使用税的案例选出来。具体的实现步骤如下。

步骤 1:用 SPSS 打开文件,在工具栏"数据(D)"中选择"选择个案(S)"选项,如图 4-4-6 所示。

图 4-4-6　选择"选择个案(S)"选项

步骤 2：在弹出的"选择个案"对话框中，左侧为统计指标栏，右侧是以下五种选择方式：

(1)"所有个案(A)"表示选择所有样本。

(2)"如果条件满足(C)"表示按所需条件筛选，"如果(I)…"是条件定义。

(3)"随机个案样本(D)"表示选择总体中一定百分比的个案，或者精确选择一定数量的个案。

(4)"基于时间或个案范围(B)"表示按照时间范围或者数据范围选择从第几个到第几个个案。

(5)"使用过滤变量(U)"较为烦琐,首先要定义过滤变量名,取值为 1 或 0,0 表示被过滤掉。

本例使用"如果条件满足(C)"的方式进行选择,如图 4-4-7 所示。选择后,单击"如果(I)…"进入"选择个案:If"对话框。

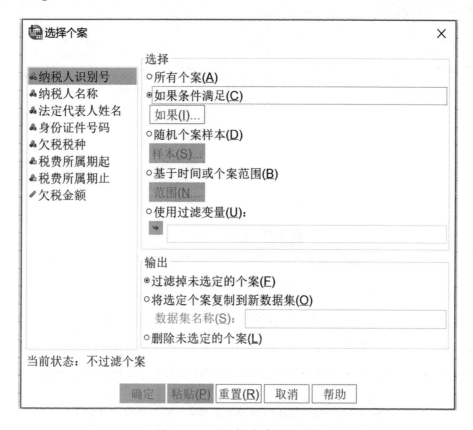

图 4-4-7 "选择个案"对话框

步骤 3:在"选择个案:If"对话框中,将左侧的"欠税税种"指标选入右上方对话框中,然后输入"='城镇土地使用税'"。此处要特别注意,SPSS 软件选择功能默认的是数字,如果选择文本信息,要给文本加英文格式的引号,如图4-4-8所示。

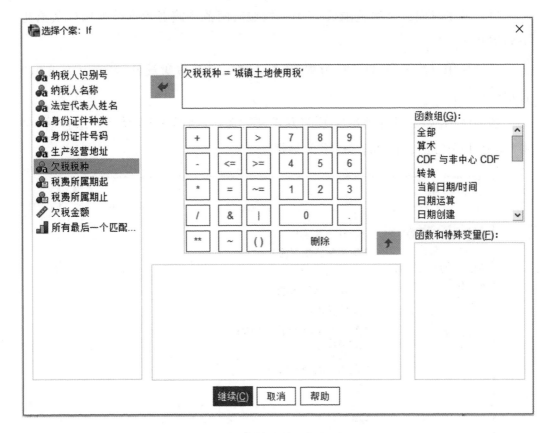

图 4-4-8 "选择个案:If"对话框

步骤 4:单击"继续(C)"按钮,返回"选择个案"对话框,单击"确定"按钮,完成个案选择,结果展示如图 4-4-9 所示。不符合筛选条件的样本均被打上斜杠,表示这些样本全部被冻结,对数据进行分析时,样本所对应的数据将不会被纳入。

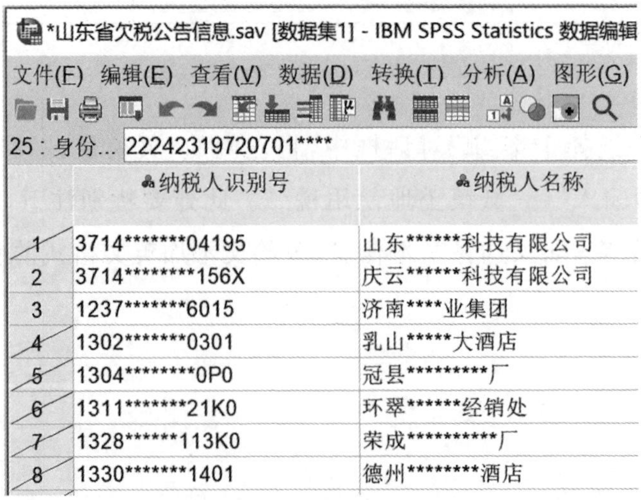

图 4-4-9 结果展示

三、针对筛选样本的深度挖掘

样本筛选完毕后,可以用频率功能、描述功能或者探索功能进行深度挖掘。本例采用探索功能对城镇土地使用税中的欠税金额进行探索挖掘,具体操作过程见前文,此处只解读结果。

案例处理摘要显示,城镇土地使用税涉案次数为 18881 次,样本无缺失值,真实有效,如表 4-4-3 所示。

表 4-4-3　案例处理摘要

指标名称	案例					
	有效		缺失		合计	
	N	百分比	N	百分比	N	百分比
涉案次数	18881	100.0%	0	0.0%	18881	100.0%

在结果描述中,城镇土地使用税的欠税金额均值为 96672.92 元,中位数为 26666.70 元,标准差为 226150.81 元,极小值为 1.00 元,极大值为 4124811.00 元。从集中趋势和离散趋势看,指标数值存在明显的分化,离散程度较大,说明其中有高额的欠税行为。

从分布状况看,偏度是 7.21,为右偏态分布,表现为分布的右侧个别变量值很大,使概率密度函数右侧的尾部比左侧的长,此时绝大多数的值位于平均值的左侧。即与正态分布相比,中低值的样本较多。峰度为 82.16,大于 0,表示分布与正态分布相比较为陡峭,为尖顶峰,具体表现为存在极端值,方差偏大,又因偏度大于 0,可以推断极端值为极大值(若偏度小于 0 则极端值为极小值)。因大的极端值存在,使平均值大于中位数也大于众数,大部分样本处于平均值之下,两极分化严重,如表 4-4-4 所示。

表 4-4-4　描述统计量

指标		统计量	标准误差
欠税金额/元	均值	96672.92	1645.83
	均值的 95％置信区间	93446.94（下限）	—
		99898.90（上限）	—
	5％ 修整均值	61388.31	—
	中值	26666.70	—
	方差	51144190538.53	—
	标准差	226150.81	—
	极小值	1.00	—
	极大值	4124811.00	—
	范围	4124810.00	—
	四分位距	86712.00	—
	偏度	7.21	0.02
	峰度	82.16	0.04

直方图显示,指标值的分布明显正偏,右侧的尾部特别长,有极高值存在,进一步证实城镇土地使用税中存在高额欠税行为,如图 4-4-10 所示。

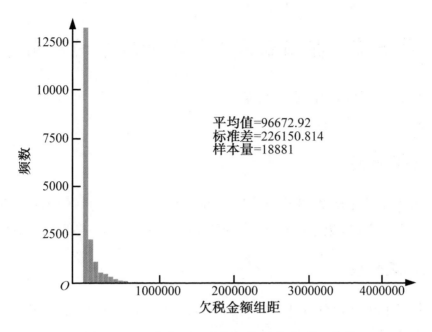

平均值=96672.92
标准差=226150.814
样本量=18881

图 4-4-10　直方图显示指标值的分布明显正偏

箱线图显示数据中存在大量高异常值,说明城镇土地使用税中的高额欠税行为不在少数,可将高异常值所对应的样本选出,或对欠税金额进行高低排序,然后开展有针对性的分析挖掘,如图 4-4-11 所示。

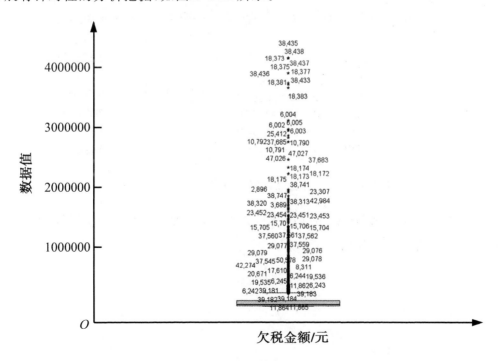

图 4-4-11　箱线图显示数据中存在大量高异常值

第五节 推断在宏观经济管理中的应用

SPSS 软件将推断功能集合在探索分析中,我们以 2020 年山东省各县(市、区)主要经济指标为例进行演示。

一、提出问题

假设受外在因素限制,我们只获取了山东省 100 个县(市、区)的地区生产总值,现在需要通过抽样数据推断总体 136 个县(市、区)的地区生产总值的平均值。

二、实现步骤

步骤 1:用 SPSS 软件打开文件,在工具栏"分析(A)"中的"描述统计(E)"中选择"探索(E)"选项,如图 4-5-1 所示。

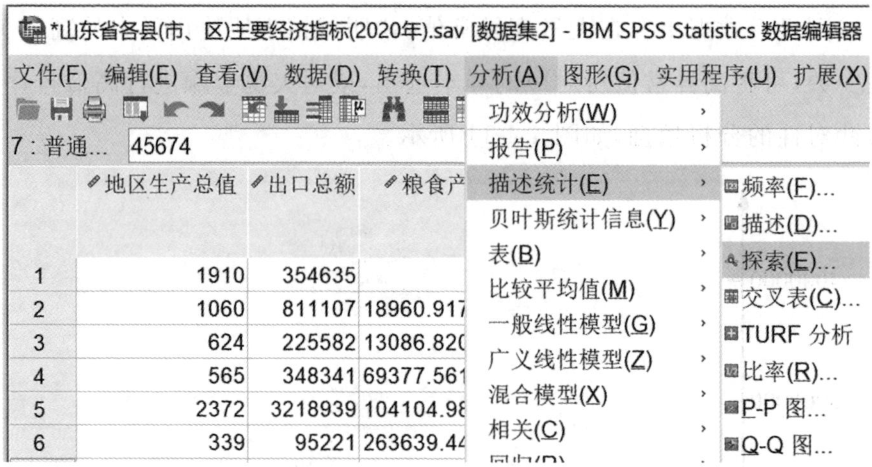

图 4-5-1 在"描述统计(E)"中选择"探索(E)"选项

步骤 2:在弹出的"探索"对话框中,将左侧的"地区生产总值"指标选入右侧的"因变量列表(D)",如图 4-5-2 所示。

图 4-5-2　将左侧的"地区生产总值"指标选入右侧的"因变量列表(D)"

步骤 3：单击右上方的"统计(S)"按钮，进入"探索：统计"对话框。选择第一个选项"描述(D)"，如图 4-5-3 所示。然后单击"继续(C)"按钮返回"探索"对话框，再单击"确定"完成计算。

图 4-5-3　选择第一个选项"描述(D)"

三、结果解读

案例处理摘要显示,有效样本为 100 个,没有缺失值,全部样本真实有效,如表 4-5-1 所示。

表 4-5-1　案例处理摘要

指标	案例					
	有效		缺失		合计	
	N	百分比	N	百分比	N	百分比
有效样本	100	100.0%	0	0.0%	100	100.0%

描述结果显示,100 个有效样本的地区生产总值均值为 506.85 亿元,标准误差为 38.75 亿元。均值 95% 置信区间的下限为 429.97 亿元,上限为 583.74 亿元,如表 4-5-2 所示。

表 4-5-2　描述统计量

指标		统计量	标准误差
均值		506.85	38.75
均值的 95% 置信区间	下限	429.97	—
	上限	583.74	—
5% 修整均值		465.6	—
中值		347.43	—
方差		150134.24	—
标准差		387.47	—
极小值		119	—
极大值		2372	—
范围		2252	—
四分位距		453	—
偏度		2.05	0.24
峰度		5.71	0.48

（注：地区生产总值/亿元）

由点估计可以推断,全部样本的地区生产总值均值约为 506.85 亿元,上下波动不会超过 38.75 亿元。由区间估计可以推断,在 95％的情况下该指标所有样本的取值在区间[429.97,583.74]里。

四、结果验证

我们对山东省 136 个县(市、区)地区生产总值的真实情况进行计算,其平均值为 524.62 亿元,表明无论点估计还是区间估计都能接近真实值。

第五章　概率分布

　　研究大数据最重要的一环是掌握数据的概率分布。概率分布是概率论的重要概念,表示在随机实验中每个被测子集结果的分布情况。如果变量为连续型,则分布为概率密度分布;如果变量为离散型,则分布为概率质量分布。目前被广泛认知的连续型变量分布包括正态分布、均匀分布、指数分布等,离散型变量分布包括泊松分布、伯努利分布、二项式分布、几何分布等。

　　概率分布的表现形式十分简单,但在大数据研究中却有十分重要的意义,可以反映总体中所有个体在各组间的分布状态和分布特征。

第一节　正态分布及实践应用

一、基本概念

　　正态分布又叫高斯分布,在数学、物理、统计、工程,甚至是天文领域都有重大的影响力。正态分布是很多统计方法的理论基础,如卡方分布、t 分布和 F 分布都是在正态分布的基础上推导出来的。

二、基本原理

　　设随机变量 x 服从一个数学期望为 μ,方差为 σ^2 的正态分布,记为 $N(\mu, \sigma^2)$。均数 μ 决定正态曲线的中心位置,标准差 σ 决定正态曲线的陡峭或扁平程度。σ 越小则曲线越陡峭,σ 越大则曲线越扁平。当 $\mu=0,\sigma=1$ 时为标准正态分布,如图5-1-1所示。

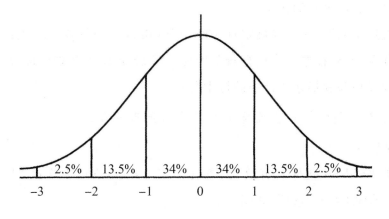

图 5-1-1　标准正态分布

标准正态分布的主要特征包括集中性、对称性、均匀变动性和面积恒等四个方面。集中性是指正态分布曲线呈钟形,两头低中间高,最高峰位于正中央,为平均数所在的位置。对称性是指正态分布曲线以均数为中心,左右对称,曲线两端永远不与横轴相交。均匀变动性是指正态分布曲线由均数所在的垂线交叉点开始,分别向左右两侧逐渐均匀下降。面积恒等是指正态分布曲线与横轴间的面积总和等于 1。

标准正态分布曲线下面积分布规律是:在均值左右 1.96 个标准差范围内,曲线下的面积等于 0.9500,在现实生活中,尤其是在产品质量控制方面常以此作为上、下警戒值(95％概率置信区间);在均值左右 2.58 个标准差范围内,曲线下面积为 0.9900,在产品质量控制方面常以此作为上、下控制值(99％概率置信区间)。统计学家还制定了一张统计用表(自由度为∞时),借助该表就可以估计出给定值出现的概率。

从众多现象观测得知,大自然自身的变量大多服从正态分布,而与人类社会相关的变量大多服从偏态分布,甚至幂律分布。也就是说,在非人力干预的领域,一般服从正态分布。

三、正态分布的实践应用

我们以 2020 年山东省各县(市、区)主要经济指标进行演示。假设我们从山东省的县(市、区)中获取 100 个样本,计算行政区域土地面积均值为 1134 平方千米,标准差为 614 平方千米,要求估计山东省县(市、区)行政区域土地面积在 1000

平方千米以下者占全省的比重。

要解决这个问题,首先要确定这 100 个县(市、区)的行政区域土地面积是否服从正态分布,然后根据公式进行概率推导。SPSS 提供了多种验证方法,常用的有非参数假设检验和描述统计中的探索分析。

(一)非参数假设检验验证样本是否服从正态分布

1.实现步骤

步骤 1:用 SPSS 软件打开文件,在工具栏"分析(A)"中选择"非参数检验(N)"中的"单样本(O)"选项,如图 5-1-2 所示。

图 5-1-2 选择"非参数检验(N)"中的"单样本(O)"选项

步骤 2:在弹出的"单样本非参数检验"对话框中,选择左上方"字段"中的"使用定制字段分配(C)"。然后将左侧的"行政区域土地面积"指标选入右侧的"检验字段(T)"中,如图 5-1-3 所示。

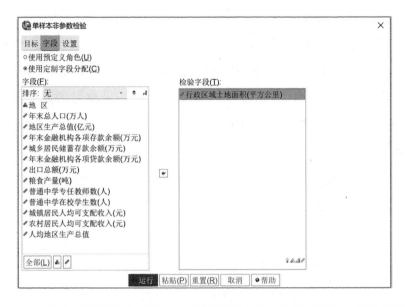

图 5-1-3　将左侧的"行政区域土地面积"指标选入右侧的"检验字段(T)"中

步骤 3：单击左上方的"设置"按钮，在设置对话框中选择"定制检验(T)"中的"检验实测分布和假设分布（柯尔莫戈洛夫-斯米诺夫检验）(K)"，然后单击"选项"，如图 5-1-4 所示。

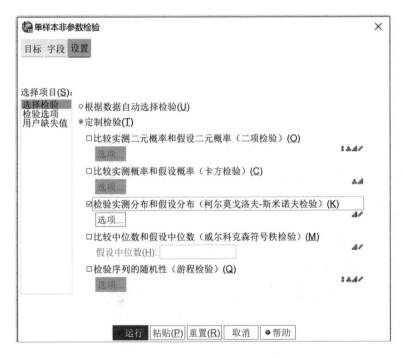

图 5-1-4　选择"检验实测分布和假设分布（柯尔莫戈洛夫-斯米诺夫检验）(K)"

步骤 4：在"柯尔莫戈洛夫-斯米诺夫检验选项"对话框中选择第一个"正态（R）"选项，然后单击"确定"返回主对话框，再单击"运行"即可完成检验，如图 5-1-5所示。需要注意的是，SPSS 系统不仅提供了正态分布的假设检验，同时还提供了均匀分布、指数分布、泊松分布的假设检验。如果面对的是不熟悉的领域和数据，可以将所有的检验都选中，通过系统计算，看到底服从哪种分布，相关操作和结果解读类似。

图5-1-5　在"柯尔莫戈洛夫-斯米诺夫检验选项"对话框中进行相关操作

2.结果解读

假设检验结果显示，单样本检验显著性 $p=0.068>0.05$，与正态分布相比无显著差异，接受原假设，即样本服从正态分布。同时系统计算出，这 100 个样本的行政区域土地面积平均值为 1134 平方千米，标准差为 614.091 平方千米，如表 5-1-1所示。

表 5-1-1 假设检验摘要

原假设	检验	显著性[a]	决策
行政区域土地面积（单位为平方千米）的分布为正态分布，平均值为 1134，标准差为 614.091	单样本柯尔莫戈洛夫-斯米诺夫检验	0.068	保留原假设

注:a.显著水平为 0.050,基于 10000 蒙特卡洛样本且起始种子为 2000000 的里利氏法。

(二)探索分析验证样本是否服从正态分布

1.实现步骤

步骤 1:在工具栏"分析(A)"中选择"描述统计(E)"中的"探索(E)"选项,如图 5-1-6 所示。

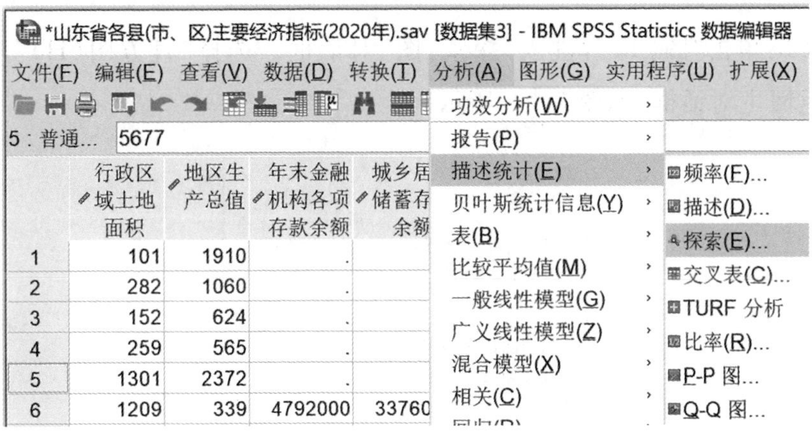

图 5-1-6 选择"描述统计(E)"中的"探索(E)"选项

步骤 2:在弹出的"探索"对话框中,将左侧的"行政区域土地面积"指标选入右侧的"因变量列表(D)"中,如图 5-1-7 所示。

图 5-1-7　将左侧的"行政区域土地面积"指标选入右侧的"因变量列表（D）"中

步骤 3：单击"图（T）"，进入"探索：图"对话框。选择"直方图（H）"，单击"继续（C）"返回主对话框，如图 5-1-8 所示。

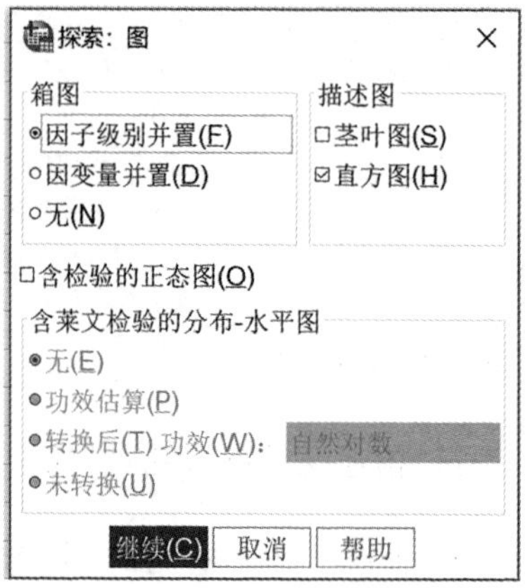

图 5-1-8　"探索：图"对话框

步骤 4：在"探索"对话框单击"确定"，系统自动计算结果。

2.结果解读

正态性检验给出了两种检验方式：当数据量超过 50 时，倾向于以柯尔莫戈洛夫-斯米诺夫检验（K-S 检验）来检验结果；当数据量不超过 50 时，倾向于以夏皮洛-威尔克检验(S-W 检验)来检验结果。本例中,K-S 检验中的 $p=0.099>0.05$,接受原假设,认为与正态分布无显著差异;S-W 检验中的 $p=0.095>0.05$,接受原假设,即样本服从正态分布,如表 5-1-2 所示。

表 5-1-2　正态性检验结果

指标	K-S 检验[a]			S-W 检验		
	统计量	df[b]	Sig.	统计量	df	Sig.
行政区域土地面积/平方千米	0.081	100	0.099	0.978	100	0.095

注:a.K-S 检验采用里尔福斯(Lilliefors)显著水平修正。

b.df 表示检验的自由度,后同。

直方图显示该指标数据基本呈现正态分布,但右侧偏长,存在个别高异常值,说明数据近似于服从正态分布,如图 5-1-9 所示。

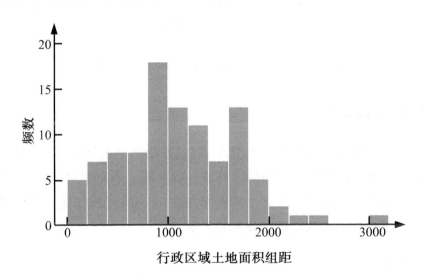

图 5-1-9　直方图显示该指标数据基本呈现正态分布

Q-Q 图显示该指标大多数的点能分布在一条直线上,线性趋势明显,可认为近似于服从正态分布,如图 5-1-10 所示。

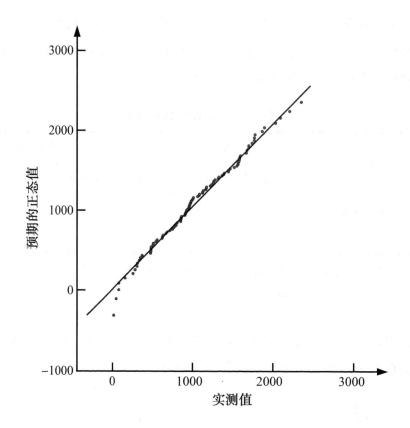

图 5-1-10　行政区域土地面积的正态 Q-Q 图

四、应用题计算

既然证实了样本近似服从正态分布,我们重新回到问题的本源,即从山东省所有的县(市、区)中获取 100 个样本,计算行政区域土地面积均值为 1134 平方千米,标准差为 614 平方千米,估计山东省所有县(市、区)行政区域土地面积在 1000 平方千米以下者占全省的比重。计算公式为

$$U = \frac{1000 - 1134}{614} = -0.22$$

查找标准正态分布表曲线下的面积,在表的左侧找到 0.2,表的上方找到 0.02,两者相交处为 0.5871。因此可以推断山东省各县(市、区)行政区域土地面积在 1000 平方千米以下者所占的比重约为 41.29%(即 1 − 0.5871)。山东省有 136 个县(市、区),因此可以推断有 56 个行政区域土地面积在 1000 平方千米以下。

从山东省 136 个县(市、区)中选取行政区域土地面积小于 1000 平方千米的样本,然后进行描述分析,最终结果证实,行政区域土地面积小于 1000 平方千米的县(市、区)共有 56 个,均值为 626.83 平方千米,标准差为 292.43 平方千米,如表 5-1-3 所示。正态分布预测的结果与实际结果完全相等。

表 5-1-3　描述分析结果

指标	统计量		
行政区域土地面积 小于 1000 平方千米	N	有效	56
		缺失	0
	均值		626.83
	标准差		292.43

第二节　卡方分布及实践应用

一、基本概念

(一)卡方分布

卡方分布(χ^2 分布)是概率论与数理统计学中较常用的一种概率分布。设有 k 个相互独立的标准正态分布变量的平方和,则它们服从自由度为 κ 的卡方分布。卡方分布可以用来测试随机变量之间是否相互独立,也可用来检测统计模型的拟合优度。

(二)卡方检验

卡方检验是以卡方分布为基础的一种假设检验,主要用于分析分类变量,可根据样本数据推断总体的分布与期望分布是否有显著差异,或者推断两个分类变量是否相关或者独立。卡方检验是一种吻合性检验,常见的有拟合优度检验和独立性检验。

拟合优度检验是对一个分类变量的检验,即根据总体分布状况,计算出分类变量中各类别的期望频数,与分布的观察频数进行对比,判断期望频数与观察频数是否有显著差异。

独立性检验是两个特征变量之间的检验,它可以用来分析两个分类变量是否独立，或者是否有关联。比如某原料质量和产地是否有依赖关系、是否独立等。

二、基本原理

原假设 H_0 为观察频数与期望频数没有差异，或者两个变量相互独立。先假设 H_0 成立，根据卡方统计量和自由度计算在 H_0 成立的情况下，获得当前统计量以及更极端情况的概率 p。通常情况下 $p<0.05$，说明观察值与理论值的偏离程度大，具有显著统计学差异，应该拒绝原假设，否则接受原假设。

三、卡方检验在“云走齐鲁”大数据中的实践应用

（一）获取大数据

我们采用 2021 年“云走齐鲁”线上万人健步走赛事调查问卷的有关数据进行方法演示。“云走齐鲁”是由国家体育总局群体司、中华全国体育总会群体部、山东省体育局、山东省卫生健康委员会主办的全民健身线上运动会，是山东省参与人数最多的全民健身赛事品牌。该数据由“云走齐鲁”承接方阳光赛事运营（山东）有限公司于 2021 年调查入库，读者感兴趣的话可以自行获取各类体育赛事大数据，本书中仅作方法讲解。指标项和数据格式如图 5-2-1 所示。

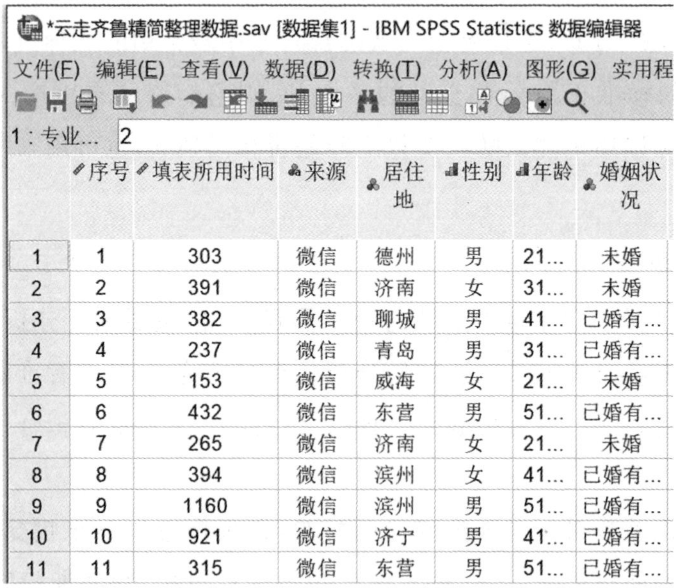

	序号	填表所用时间	来源	居住地	性别	年龄	婚姻状况
1	1	303	微信	德州	男	21...	未婚
2	2	391	微信	济南	女	31...	未婚
3	3	382	微信	聊城	男	41...	已婚有...
4	4	237	微信	青岛	男	31...	已婚有...
5	5	153	微信	威海	女	21...	未婚
6	6	432	微信	东营	男	51...	已婚有...
7	7	265	微信	济南	女	21...	未婚
8	8	394	微信	滨州	女	41...	已婚有...
9	9	1160	微信	滨州	男	51...	已婚有...
10	10	921	微信	济宁	男	41...	已婚有...
11	11	315	微信	东营	男	51...	已婚有...

图 5-2-1　指标项和数据格式

（二）提出问题

本次调查共获取 5733 份问卷，涉及 50 多个问题，假设常规群体赛事的初级爱好者与中级、专业级的比例为 5∶4∶1，用卡方检验研究本次线上运动参赛的专业水平比例是否与传统意义上的群体赛事存在明显差异。

（三）实现步骤

面对一个陌生数据集，首先要对数据进行预处理。本次调查问卷共涉及 50 多个问题，即便有胡乱填报的情形也难以通过数据查重排除。因问卷设计问题较多，按照普通人的阅读和回答用时，一般每道题用时都要大于 1 秒，50 道题在正常情况下，填报时间不应小于 60 秒，因此整套问卷用时小于 60 秒的可以视为无效样本。

步骤 1：数据预处理。用 SPSS 打开文件，在工具栏"数据（D）"中选择"选择个案（S）"选项。在弹出的"选择个案：If"对话框中，将左侧的"填表所用时间"指标选入右侧对话框，然后输入"≥60"，表示只选取用时大于等于 60 秒的样本。单击"继续（C）"按钮返回"选择个案"对话框，单击"确定"，如图 5-2-2 所示。

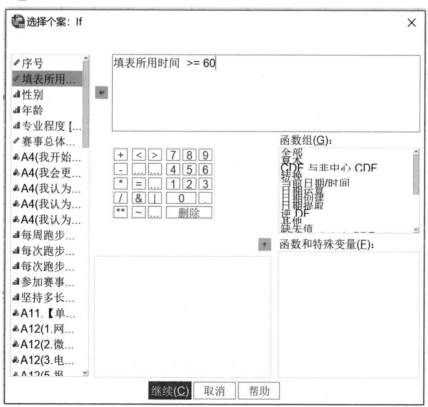

图 5-2-2　在右侧对话框中输入"≥60"

步骤 2：对筛选后的样本进行简单的描述统计，结果显示有效值为 5365，即在 5733 份问卷中，368 份问卷有可能存在胡乱填写的情况，剔除后有效样本为 5365 个。具体操作流程参照前文。

步骤 3：在工具栏"分析(A)"中的"非参数检验(N)"中单击"旧对话框(L)"，选择"卡方(C)"选项，如图 5-2-3 所示。

图 5-2-3　选择"卡方(C)"选项

步骤 4：在弹出的"卡方检验"对话框中，将左侧对话框中的"专业程度"指标选入右侧的"检验变量列表(T)"，在右下方的"期望值"对话框中选择"值(V)"，并依次输入 5、4、1。因为在专业化程度的标签值设定中，"1"表示初级爱好者，"3"表示专业资深爱好者，数值由低到高表示专业程度由初级到专业，因此要同向输入 5、4、1。如果标签值设定为"1"表示专业资深爱好者，"3"表示初级爱好者，则"期望值"对话框中要依次输入 1、4、5。读者在具体操作过程中需要根据标签值设定情况输入相关的数值，确保一一对应。其他按钮均选择默认选项，单击"确定"，如图 5-2-4 和图 5-2-5 所示。

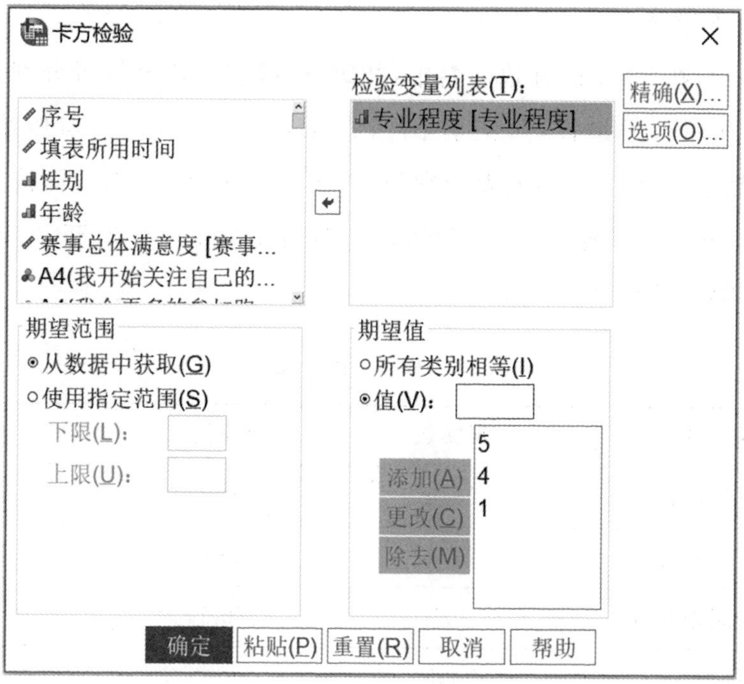

图 5-2-4 "卡方检验"对话框

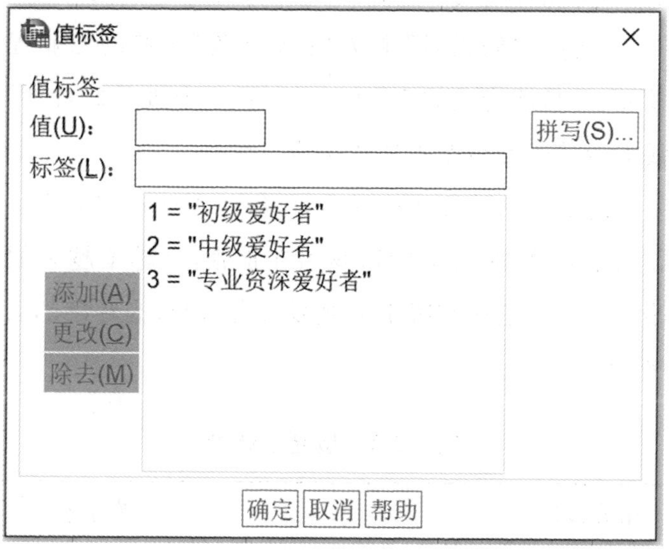

图 5-2-5 "值标签"对话框

（四）结果解读

结果显示，在 5365 份有效问卷中，初级、中级和专业爱好者分别有 2536 位、2424 位和 405 位，通过计算，三者比例为 4.7：4.5：0.8。与传统群体赛事 5：4：1的概率期望值相比，残差分别为－146.5、278 和－131.5，即按照传统赛事的经验判断，初级爱好者应当达到 2683 人左右，而实际只有 2536 人，比预想的少了 147 人，如表 5-2-1 所示。

表 5-2-1 统计量

专业程度	观察数	期望数	残差
初级爱好者	2536	2682.5	－146.5
中级爱好者	2424	2146	278
专业资深爱好者	405	536.5	－131.5
总数	5365	—	—

卡方检验显示，专业程度的卡方检验统计量为 76.245，自由度为 2，渐近显著性 $p = 0.000 < 0.01$，拒绝原假设，即本次"云走齐鲁"参赛的专业程度与传统赛事的比例有显著差异，不是理论上的 5：4：1，主要是中级爱好者参与比例增加，初级爱好者对于线上活动的参与度不如传统线下活动。

因中级爱好者的赛事粘性要比初级爱好者高，因此这部分人的比例增加表明赛事为成长型，"云走齐鲁"对公众的影响力在扩张，有越来越多的中级爱好者参与其中。下一步可以重点挖掘和吸引初级爱好者参与，为赛事的后续发展提供动力，如表 5-2-2 所示。

表 5-2-2 检验统计量

相关指标	专业程度
卡方	76.245[a]
df	2
渐近显著性	0.000

注：a.0 个单元(0.0%)具有小于 5 的期望频数，单元最小期望频数为 536.5。

第三节 二项分布及实践应用

一、基本概念

现实中很多指标的取值只有两类,如性别中的男与女,医学上的患病与不患病,产品质量的合格与不合格等,从这样的二分类变量中抽取的结果非此即彼,其频数分布为二项分布。

二、基本原理

二项分布即重复 n 次独立的伯努利试验。在每次试验中只有两种可能的结果,事件发生的概率为 p,不发生的概率为 $1-p$,两种结果发生与否相互对立,并且相互独立,与其他各次试验的结果无关。事件发生与否的概率在每一次独立试验中都保持不变。

三、二项分布检验在"云走齐鲁"大数据中的实践应用

(一)提出问题

假设常规群体赛事男女参与比例为 7∶3,在 5365 份有效问卷中,用二项分布检验本次参赛的男女比例与常规赛事是否存在显著差异。

(二)实现步骤

步骤 1:在工具栏"分析(A)"中的"非参数检验(N)"中单击"旧对话框(L)",选择"二项(B)"选项,如图 5-3-1 所示。

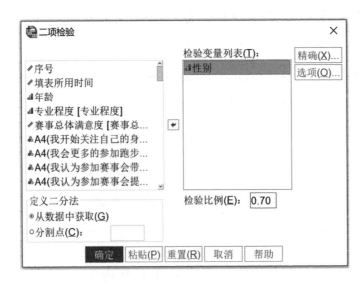

图 5-3-1　选择"二项(B)"选项

步骤 2:在弹出的"二项检验"对话框中,将左侧的"性别"指标选入右侧的"检验变量列表(T)"中,在下方的"检验比例(E)"中输入 0.70,即参照常规群体赛事男性占比为 70%的判断标准。其他功能均选择默认选项,然后单击"确定",如图 5-3-2 所示。

图 5-3-2　"二项检验"对话框

（三）结果解读

二项检验结果显示,在 5365 份有效问卷中,共有男性 3108 位,女性 2257 位,二者的实际观察比例为 6∶4,而常规赛事提供的检验比例为 7∶3,精确显著性(单尾)$p=0.000<0.01$,拒绝原假设,即本次"云走齐鲁"参赛的男女比例与常规赛事相比有显著统计学差异。说明与常规赛事相比,"云走齐鲁"对女性的吸引力更大,有更多的女性参与比赛,结合问卷中的运动产品消费情况和消费偏好,可以做有针对性的产品研发和营销。二项检验的结果如表 5-3-1 所示。

表 5-3-1　二项检验的结果

	类别	N	观察比例	检验比例	精确显著性(单尾)
	组 1	男	3108	0.6	0.7	0.000[a]
性别	组 2	女	2257	0.4	—	—
	总数	—	5365	1		

注:a.备择假设规定第一组中的案例比例小于 0.7。

第四节　游程检验及实践应用

一、基本概念

游程检验又叫随机性检验,是根据样本排列标志形成的游程多少进行判断的非参数检验方法。

二、基本原理

游程检验用于判断观察值的顺序是否随机,这一点在现实工作中非常重要,因为许多问题并不仅仅关心分布的位置或者形状,也包括样本的随机性。假如在抽样调查中抽取的样本并非随机,而是存在一定的偏向性,那么得出的推断将有失偏颇,容易误导决策。

游程检验的原理是:在一个有限取值的序列中,满足一定条件的同一符号的一个连串称之为一个游程。一个游程中同一符号出现的次数称为游程的长度。

如果序列为真随机序列,那么游程的总数应该不太多也不太少。如果游程的总数极少,就说明样本缺乏独立性,内部存在一定的趋势或者结构。如果存在大量游程,则可能存在短周期波动,同样认为序列非随机。

三、游程检验在"云走齐鲁"大数据中的实践应用

2021 年"云走齐鲁"线上万人健步走赛事调查问卷中,有一个问题是:"比赛期间,您通过哪些渠道看过关于本次比赛的新闻报道?"共给出六个选项,分别为网站、微信公众号、电视、广播、报刊和其他。在录入过程中,用 1 表示"是",用 0 表示"否"。

(一)提出问题

在调查样本中,参赛人员通过微信公众号看过本次比赛的新闻报道的分布情况是否具有随机性?

(二)实现步骤

步骤 1:在工具栏"分析(A)"中的"非参数检验(N)"中单击"旧对话框(L)",选择"游程(R)"选项,如图 5-4-1 所示。

图 5-4-1　选择"游程(R)"选项

步骤2：在弹出的"游程检验"对话框中，将左侧的"微信公众号"指标选入右侧的"检验变量列表(T)"中，在下方的"分割点"对话框中，选定"中位数(M)"和"定制(C)"，并在对话框中输入1。此处应当注意，本例中参赛人员通过微信公众号看过本次比赛的新闻报道设定为1，否则为0，因此在"定制(C)"对话框中输入1。读者需要根据实际情况进行设定。此时也可以选择"众数""平均值"等进行检验。其他功能均选择默认选项。然后单击"确定"，系统自动计算并给出结果，如图5-4-2所示。

图 5-4-2　"游程检验"对话框

（三）结果解读

以中位数作为临界分割点进行检验：中位数在临界点以下为一类，大于等于中位数的为另一类。检验结果显示，在5365个有效样本中，中位数以下的共有1460个，中位数及以上的共有3905个。Z统计量为-12.731，渐近显著性（双尾）$p=0.000<0.01$，拒绝原假设，认为参赛人员通过微信公众号看过本次比赛的新闻报道的分布情况有集聚性，并非随机分布。也就是说，有大量人员通过微信公众号收看本次比赛的新闻报道，这说明微信公众号将是今后新闻宣传的重要载

体,投放广告的话效果会非常理想,如表 5-4-1 所示。

表 5-4-1　以中位数作为临界分割点进行检验的结果

	A14(微信公众号)
检验值[a]	1
案例少于检验值	1460
案例不小于检验值	3905
案例总数	5365
Runs 数	1757
Z 统计量	−12.731
渐近显著性(双尾)	0.000

注:a.检验值为中值。

以设定值为 1 的临界分割点进行检验:检验结果共有 5365 个有效样本,游程数为 1757 个,Z 统计量为−12.731,渐近显著性(双尾)$p=0.000<0.01$,拒绝原假设,认为参赛人员通过微信公众号看过本次比赛的新闻报道的分布情况有集聚性,并非随机分布。其他解读同上,如表 5-4-2 所示。

表 5-4-2　以设定值为 1 的临界分割点进行检验的结果

	A14(微信公众号)
检验值[a]	1
案例总数	5365
游程数	1757
Z 统计量	−12.731
渐近显著性(双尾)	0.000

注:a.用户指定的 1。

可见,两种方法都很好地验证了通过微信公众号看过比赛的新闻报道的人群并非随机排列,而是具有明显的集聚性。

第六章　均值比较

在做数据对比分析时,通常要研究两组数据之间的平均水平是否存在显著差异,这就要用到均值比较的 t 检验。

第一节　基本概念与原理

一、t 检验的定义与适用条件

t 检验又称 student 检验,最早是为降低啤酒质量监控成本而发明的,发明者在《生物统计期刊》上以"学生"(The Student)为笔名,发表了关于 t 检验的论文,用 t 分布理论推论差异发生的概率,比较两组的平均数差异是否显著。

运用 t 检验时应当注意:一是样本应来自正态或近似正态分布总体;二是样本随机,样本均值和标准差可获取;三是均值比较时,要求两样本总体方差相等,即具有方差齐性。如果不满足这些条件,可以采用校正的 t 检验,或者非参数检验代替。

假设检验的结论不能绝对化。p 值越小,越有理由拒绝 H_0,越有理由说明两者存在显著差异,但不能说明实际差别有多大。假设检验有无统计学意义和有无专业上的实际意义并不完全相同。

二、t 检验的主要方法

t 检验的主要方法包括单样本 t 检验、独立样本 t 检验和成对样本 t 检验。其中,单样本 t 检验用于检验单个变量的均值与假设检验值之间是否存在差异;独立样本 t 检验用于检验两组来自独立总体的样本,判断其独立总体的均值或中心

位置是否一致;成对样本 t 检验用于检验同一研究对象在两种不同处理方法下的差异,比如两种不同教学方法对学生成绩影响差异的检验等。

第二节 均值比较在城市经济对比中的应用

我们以 2020 年山东省各县(市、区)主要经济指标为例演示均值比较功能。

一、提出问题

济南市和青岛市是山东省经济发展的双龙头,其中济南市有 12 个县(市、区),青岛市有 10 个县(市、区),现要比较济南市和青岛市所辖县(市、区)的地区生产总值的平均值是否有显著差异。

二、实现步骤

步骤 1:用 SPSS 软件打开文件,在"区域"指标中设定济南市所辖的县(市、区)为 1,青岛市的为 2。然后在工具栏"分析(A)"中的"比较平均值(M)"中选择"平均值(M)"选项,如图 6-2-1 所示。

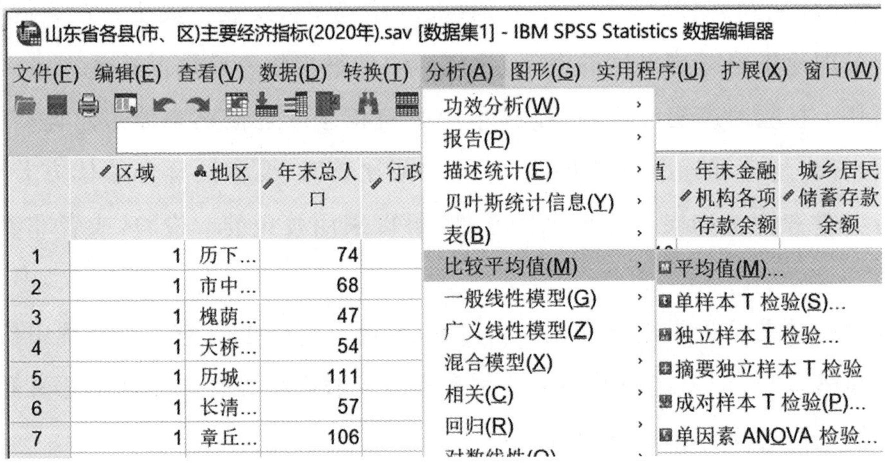

图 6-2-1 选择"平均值(M)"选项

步骤 2:在弹出的"平均值"对话框中,将左侧的"地区生产总值"指标选入右上方的"因变量列表(D)"中,将左侧的"区域"指标选入右下方的"层"中,如图 6-2-2所示。

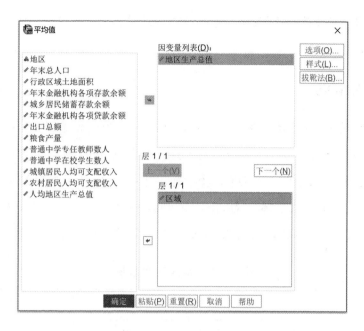

图 6-2-2 将左侧的"区域"指标选入右下方的"层"中

步骤 3：单击"选项（O）"按钮，在弹出的"平均值：选项"对话框中，根据分析需要，将左侧"统计（S）"中的统计量选入右侧的"单元格统计（C）"中，本例选择平均值、个案数和标准差。左下方的"第一层的统计"根据需要自行选择相关检验，本例全选，如图 6-2-3 所示。

图 6-2-3 "平均值：选项"对话框中的选择情况

步骤 4：单击"继续(C)"按钮，返回"平均值"对话框，再单击"确定"按钮，系统自动计算并给出结果。

三、结果解读

统计结果显示，济南市一共有 12 个县(市、区)、青岛市有 10 个县(市、区)，均纳入统计范畴。济南市 12 个县(市、区)地区生产总值的均值为 804.26 亿元，标准差为 698 亿元；青岛市 10 个县(市、区)地区生产总值的均值为 1236.99 亿元，标准差为 918.62 亿元。从总体上看，济南市和青岛市所辖的 22 个县(市、区)地区生产总值的均值为 1000.95 亿元，标准差为 815.78 亿元，如表 6-2-1 所示。

表 6-2-1　　地区生产总值　　　　　　　　　　单位：亿元

区域	均值	N	标准差
济南市	804.26	12	698.00
青岛市	1236.99	10	918.62
总计	1000.95	22	815.78

从数据看，青岛市的均值大于济南市，但组内的标准差也大于济南市，不好判断二者的均值是否存在显著差异，接下来需要做进一步检验。方差分析表（ANOVA 表）显示，组间的 $F=1.577$，$p=0.224>0.05$，不能拒绝原假设，认为青岛市所辖县(市、区)地区生产总值的均值虽然比济南市高，但没有显著差异，不具备统计学意义，如表 6-2-2 所示。

表 6-2-2　　ANOVA 表

		平方和	df	均方	F	显著性
地区生产总值(亿元)*区域	组间(组合)	1021395.433	1	1021395.433	1.577	0.224
	组内	12953946.29	20	647697.314	—	—
	总计	13975341.72	21	—	—	—

需要注意的是，如果有统计学意义，则济南市和青岛市两个市的总体实力存在绝对的高低之分。没有统计学意义并非没有现实意义上的差距，只是从济南市

和青岛市两个大群体来看,按照统计学的规则进行总体对比,双方内部都有好有差,从大颗粒度看没有明显的高低之分。不同视野下显著与不显著也是相对的,如果降低颗粒度,用个别区县进行对比,则经济实力强弱仍会有显著差异。就好比从职业群体的角度来看,医生与护士并无差异,都是医务人员;但在医院看来,医生与护士有显著差异,职责分工各不相同。因此对于统计学上的显著性要理性判断,在具体应用中,要结合业务理性定位。

第三节　单样本 *t* 检验在宏观经济对比中的应用

一、提出问题

2020 年全国人均 GDP 为 71999.6 元,现要判断山东省 136 个县(市、区)人均 GDP 与全国平均水平相比是否存在显著差异。

二、实现步骤

步骤 1:在工具栏"分析(A)"中的"比较平均值(M)"中选择"单样本 T 检验(S)"选项,如图 6-3-1 所示。

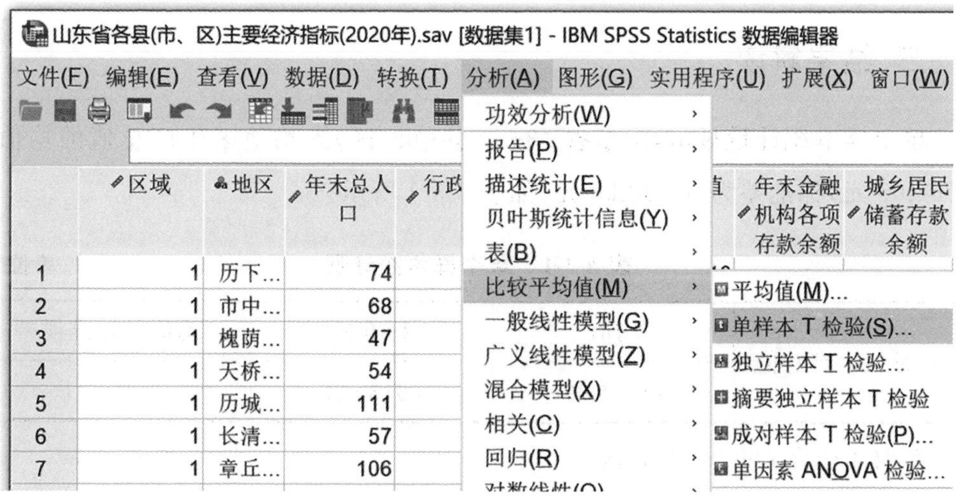

图 6-3-1　选择"单样本 T 检验(S)"选项

步骤 2:在弹出的"单样本 T 检验"对话框中,将左侧的"人均地区生产总值"

指标选入右侧的"检验变量(T)"。在右下方的"检验值(V)"中输入"71999.6",即2020 年全国的人均 GDP 数据。其他功能均采用默认选项,单击"确定",系统自动计算并给出结果,如图 6-3-2 所示。

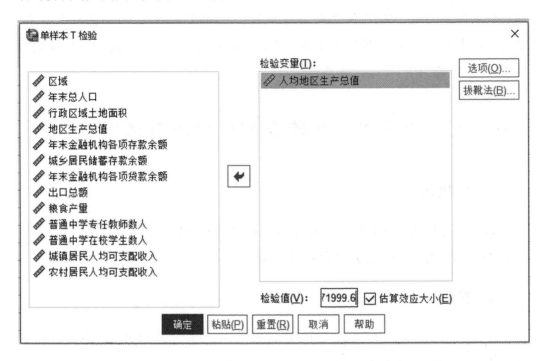

图 6-3-2 "单样本 T 检验"对话框

三、结果解读

单个样本统计量显示,山东省 136 个县(市、区)人均地区生产总值的均值为73864.09 元,标准差为 56139.28 元,如表 6-3-1 所示。

表 6-3-1 单个样本统计量 单位:元

人均地区生产总值	均值	标准差	均值的标准误差
	73864.09	56139.28	4813.91

注:样本包含 136 个县(市、区)。

单个样本检验统计量显示,山东省 136 个县(市、区)人均地区生产总值的均值比全国平均水平多 1864.49 元。假设检验的 $t = 0.387$,双尾检验的 $p = 0.699 > 0.05$,因此接受原假设,认为山东省 136 个县(市、区)的平均水平虽然高于全国平均水平,但没有显著差异,没有统计学意义,如表 6-3-2 所示。

表 6-3-2　单个样本检验统计量

指标	检验值为 71999.6					
	t	df	Sig.(双尾)	均值差值	差分的 95% 置信区间	
					下限	上限
人均地区生产总值	0.387	135	0.699	1864.49	−7655.93	11384.91

　　需要注意的是,没有统计学意义并非表示山东省各县(市、区)的发展水平与全国平均水平相比没有实际差距,只是这种差距在统计学的规则视角下并不显著而已。在具体决策过程中应当明白,如果没有统计学意义,那么结果无论比全国平均水平高还是低,都不能以此次数据说绝对的话。如果将前后年度的数据纳入对比,可以看出山东省绝大多数的县(市、区)的人均地区生产总值都在同期全国平均水平上下波动。反之,如果某个县(市、区)的人均地区生产总值有统计学意义,则该县(市、区)的水平必定是持续地显著高于或低于全国平均水平。

第四节　独立样本 t 检验在县域经济对比中的应用

一、提出问题

　　广东省下辖 45 个县(市、区),山东省下辖 136 个县(市、区)。通过抽样调查,我们获取了 2020 年广东省 30 个县(市、区)、山东 60 个县(市、区)的地区生产总值,现要求通过抽样数据比较广东省和山东省各县(市、区)的地区生产总值总体上是否有显著差异。

二、实现步骤

　　步骤 1:用 SPSS 软件打开文件,用 1 表示广东省,2 表示山东省,如图 6-4-1所示。

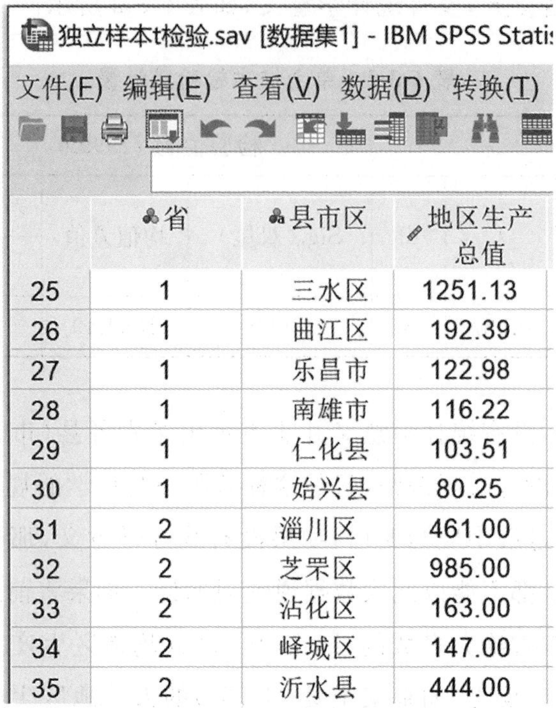
独立样本t检验.sav [数据集1] - IBM SPSS Statis
文件(F) 编辑(E) 查看(V) 数据(D) 转换(T)
省
县市区
地区生产总值
25 1 三水区 1251.13
26 1 曲江区 192.39
27 1 乐昌市 122.98
28 1 南雄市 116.22
29 1 仁化县 103.51
30 1 始兴县 80.25
31 2 淄川区 461.00
32 2 芝罘区 985.00
33 2 沾化区 163.00
34 2 峄城区 147.00
35 2 沂水县 444.00

图 6-4-1　用 SPSS 软件打开文件，用 1 表示广东省，2 表示山东省

步骤 2：在工具栏“分析(A)”的“比较平均值(M)”中选择“独立样本 T 检验”选项，如图 6-4-2 所示。

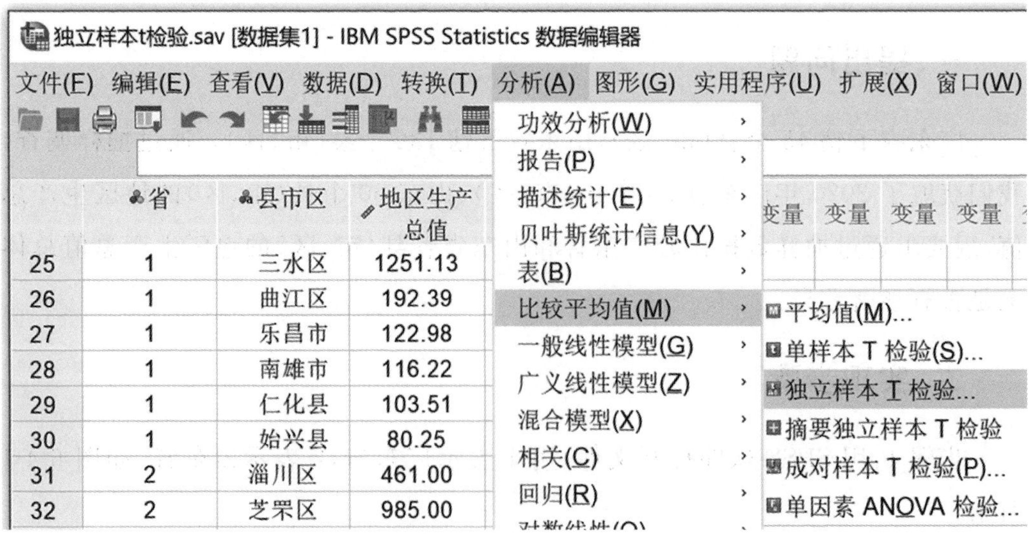
独立样本t检验.sav [数据集1] - IBM SPSS Statistics 数据编辑器
文件(F) 编辑(E) 查看(V) 数据(D) 转换(T) 分析(A) 图形(G) 实用程序(U) 扩展(X) 窗口(W)
功效分析(W)
报告(P)
描述统计(E)
贝叶斯统计信息(Y)
表(B)
比较平均值(M)
一般线性模型(G)
广义线性模型(Z)
混合模型(X)
相关(C)
回归(R)
平均值(M)...
单样本 T 检验(S)...
独立样本 T 检验...
摘要独立样本 T 检验
成对样本 T 检验(P)...
单因素 ANOVA 检验...
省
县市区
地区生产总值
变量 变量 变量 变量
25 1 三水区 1251.13
26 1 曲江区 192.39
27 1 乐昌市 122.98
28 1 南雄市 116.22
29 1 仁化县 103.51
30 1 始兴县 80.25
31 2 淄川区 461.00
32 2 芝罘区 985.00

图 6-4-2　选择“独立样本 T 检验”选项

步骤3：在弹出的"独立样本 T 检验"对话框中，将左侧的"地区生产总值"指标选入右侧的"检验变量(T)"。将"省"变量选入右下方的"分组变量(G)"，然后单击"定义组(D)"，如图 6-4-3 所示。

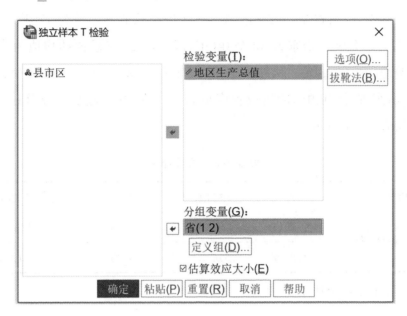

图 6-4-3　"独立样本 T 检验"对话框中的操作

步骤4：在弹出的"定义组"对话框中，在组 1 中输入 1，在组 2 中输入 2，因为一开始我们用 1 表示广东省，2 表示山东省。具体输入数据应与指标设置情况对应起来。然后单击"继续(C)"按钮，返回"独立样本 T 检验"对话框，如图 6-4-4 所示。

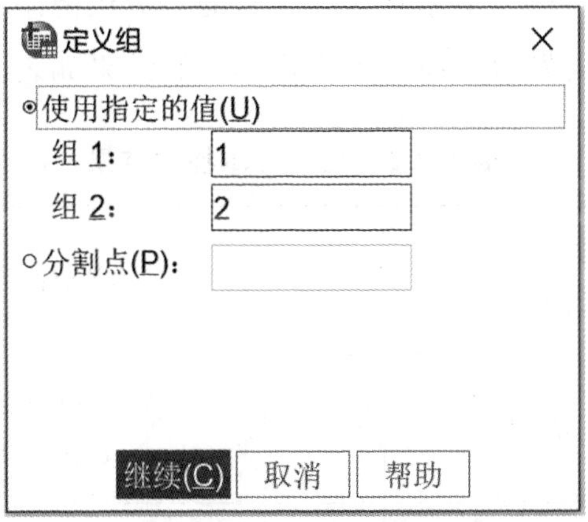

图 6-4-4　"定义组"对话框中的操作

步骤5：其他功能选择系统默认，然后单击"确定"，系统自动计算并给出结果。

三、结果解读

组统计量显示,广东省一共 30 个抽样县(市、区),山东省一共 60 个抽样县(市、区)。其中,广东省 30 个县(市、区)地区生产总值的均值为 1701.72 亿元,标准差为 1779.45 亿元。山东省 60 个县(市、区)地区生产总值的均值为 512.37 亿元,标准差为 364.33 亿元。从结果上看,广东省所辖县(市、区)地区生产总值的均值高于山东省,但其内部的离散程度也高,要判断其到底是否显著还需借助假设检验,如表 6-4-1 所示。

表 6-4-1　组统计量

指标	省	均值	标准差	均值的标准误差
地区生产总值/亿元	广东省	1701.72	1779.45	324.88
	山东省	512.37	364.33	47.03

注:广东省共 30 个抽样县(市、区),山东省为 60 个。

独立样本检验结果中,方差等同性检验 $F=61.232$,$p=0.000<0.01$,拒绝原假设,证实两组数据的 t 分布形态不同,方差不齐。因此需要用方差不相等的一行校正数据进行比较。在这组比较中,$t=3.623$,自由度为 30.222,$p=0.001<0.01$,拒绝原假设,认为广东省所辖县(市、区)地区生产总值的均值显著高于山东省,具有统计学意义。可见,山东省与广东省的县域经济差异显著,这也是山东省今后追赶广东省的重要发力方向。独立样本检验结果如表 6-4-2 所示。

表 6-4-2　独立样本检验结果

指标		莱文方差等同性检验		平均值等同性 t 检验					差值95%置信区间	
		F	显著性	t	自由度	显著性(双尾)	平均值差值	标准误差差值	下限	上限
地区生产总值	假定等方差	61.232	0.000	4.998	88.000	0.000	1189.353	237.958	716.462	1662.243
	不假定等方差	—	—	3.623	30.222	0.001	1189.353	328.268	519.146	1859.560

四、特别注意事项

独立样本 t 检验主要用于从两个不同总体中抽取部分样本比较均值的差异程度。如果掌握广东省和山东省所辖的所有县（市、区）数据，即掌握全样本数据后，可以直接用均值比较。前文已经讲过，由于受资金、技术等因素限制，在实际工作中往往无法获取全样本数据，只能通过抽样来解决，而独立样本 t 检验便是抽样处理方法中的一员。本例如果使用全样本开展均值比较，则结果如表 6-4-3 所示。

表 6-4-3 使用全样本开展均值比较的结果

省	N	均值/亿元	标准差/亿元
山东省	136	524.62	467.59
广东省	45	1578.18	1655.68
总计	181	786.55	1021.07

均值比较的结果显示，山东省 136 个县（市、区）地区生产总值的均值为 524.62 亿元，标准差为 467.59 亿元，比抽样调查的结果都大。广东省 45 个县（市、区）地区生产总值的均值为 1578.18 亿元，标准差为 1655.68 亿元，比抽样调查的结果都小。

方差分析表显示，山东省和广东省所辖全样本县（市、区）的 F 检验中，$F=44.75$，$p=0.000<0.01$，拒绝原假设，认为两省所辖全部县（市、区）的地区生产总值均值有显著差异，具有统计学意义。山东省的县域经济与广东省的县域经济相比差距明显。可见均值比较与独立样本 t 检验的统计结果非常接近，假设检验结果相同。ANOVA 表如表 6-4-4 所示。

表 6-4-4 ANOVA 表

		平方和	df	均方	F	显著性
地区生产总值（亿元）* 省	组间（组合）	37531070.73	1	37531070.73	44.75	0.000
	组内	150134689.91	179	838741.28	—	—
	总计	187665760.63	180	—	—	—

第五节 成对样本 *t* 检验在大数据挖掘中的应用

一、提出问题

"云走齐鲁"线上万人健步走活动在 2021 年吸引了近 60 万人热情参与,阳光赛事运营(山东)有限公司对其中部分参赛人员开展了全流程调查,调查问卷中有一个问题是:"您是否认为通过此项运动能够增强居民抗击新冠疫情的信心?"有 2682 位参赛选手在赛前和赛后(为期 2 个月)对这一问题作了回答。下面笔者试通过成对样本分析,研究本次万人健步走活动对居民增强抗疫信心有无显著影响。

二、实现步骤

步骤 1:用 SPSS 软件打开文件,如图 6-5-1 所示。其中"增强抗疫信心 1"指标是活动开始之初的 5 分制打分情况,"增强抗疫信心 2"指标是同一位参赛人员在活动结束后的 5 分制打分情况。

	增强抗疫信心1	增强抗疫信心2	变量
1	3	4	
2	5	5	
3	5	4	
4	4	4	
5	2	5	
6	5	5	
7	4	5	
8	5	5	
9	4	5	
10	5	4	
11	4	5	

图 6-5-1 打分情况

步骤 2:在工具栏"分析(A)"中的"比较平均值(M)"中选择"成对样本 T 检验(P)"选项,如图 6-5-2 所示。

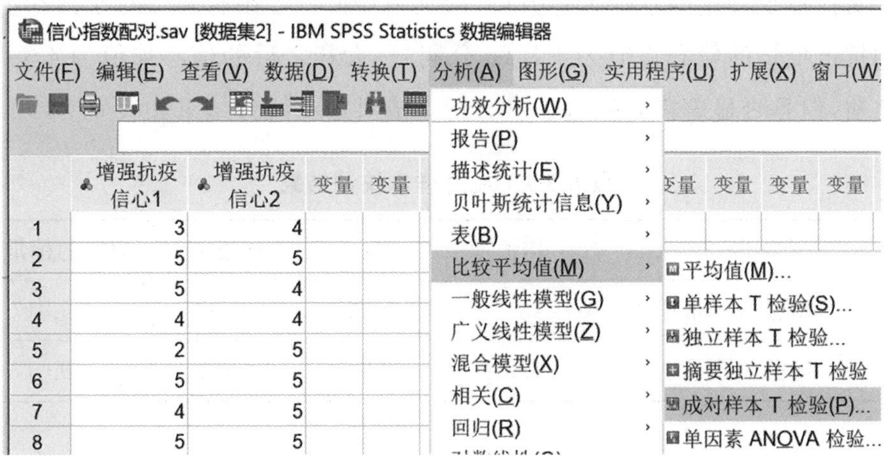

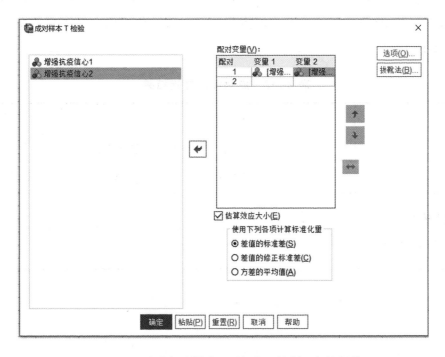

图 6-5-2　选择"成对样本 T 检验(P)"选项

步骤 3:在弹出的"成对样本 T 检验"对话框中,将比赛前后的"增强抗疫信心1"和"增强抗疫信心 2"分别选入右侧"配对变量(V)"中的变量 1 和变量 2,对同一位参与者前后两次的打分进行对比,其他选项采用系统默认。直接单击"确定"按钮完成计算,如图 6-5-3 所示。

图 6-5-3　在"成对样本 T 检验"对话框中的操作

三、结果解读

成对样本统计量显示,"云走齐鲁"活动前,2682 名参赛人员对于活动能否增强人们抗击疫情的信心均值为 4.15(5 分制)。大赛之后的信心均值为 4.36,高于比赛之前,但是否显著需要做进一步分析。成对样本统计结果如表 6-5-1 所示。

表 6-5-1　成对样本统计结果

		均值	N	标准差	均值的标准误差
配对 1	增强抗疫信心 1	4.15	2682	0.892	0.017
	增强抗疫信心 2	4.36	2682	0.892	0.017

成对样本 t 检验显示,"云走齐鲁"活动前后的差值序列的均值是 -0.204,标准差是 1.240,$t=-8.54$,自由度是 2681,$p=0.000<0.01$,拒绝原假设,认为"云走齐鲁"活动前后参赛人员对增强抗疫信心有了显著差异,活动后的信心明显高于活动之前,具有统计学意义。

由以上分析可见,随着人们对体育运动的具体参与,通过增强自身抵抗力来战胜疫情的信心明显增强。建议由政府主导,加强此类群体运动推广,提高全民健身的参与度,不断培育人民群众健康积极的运动心态。成对样本检验结果如表 6-5-2 所示。

表 6-5-2　成对样本检验结果

		成对差分					t	df	Sig.(双尾)
		均值	标准差	均值的标准误差	差分的 95% 置信区间				
					下限	上限			
配对 1	增强抗疫信心 1－增强抗疫信心 2	-0.204	1.240	0.024	-0.251	-0.157	-8.54	2681	0.000

第七章　方差分析

影响事物发展变化的因素往往互相制约又互相依存,如果仍用 t 检验做三组及以上的比较,就要做多轮两两间的 t 检验。但假设检验的结果都是概率性的,都有犯两类错误的可能,连续比较的错误率会呈指数叠加,最终导致 I 类错误发生的概率远超 0.05 的检验水平,因此涉及多组间比较时要慎用 t 检验。但在科研实践中,经常需要进行多组间比较(如性别、处方类型与剂量),涉及多组之间的综合比较就需要用到方差分析。方差分析是 t 检验的推广,在面对较为复杂的设计时,方差分析的优点十分明显。

第一节　基本概念与原理

一、方差分析的定义与常识

方差分析是由英国统计学家费希尔(R. A. Fisher)于 1923 年提出的一种统计方法,用于两类以上样本均数差异的显著性检验,目的是通过数据对比找出对事物有显著影响的因素、各因素之间的交互作用以及显著影响因素的最佳水平等。

方差分析与均值比较最大的不同在于,方差分析不受统计组数的限制,接受大数据多重比较,可以将各因素对试验指标的影响从试验误差中分离,还可以考查多个因素的交互作用。

二、方差分析的应用条件

方差分析的应用条件包括可比性、随机性、正态性和方差齐性。

(1)可比性:若各组数据的均值本身不具有可比性,则不适用于方差分析。

(2)随机性:各条件下的样本必须是随机的、相互独立的,否则可能出现无法解析的输出结果。

(3)正态性:各条件下的样本必须服从正态分布,否则应使用非参数分析。偏态分布不适用于方差分析,应考虑对数变换、平方根变换等方法,使其变为正态分布或接近正态分布后再进行方差分析。

(4)方差齐性:若组间方差不齐则不适用于方差分析。

三、方差分析的基本步骤

第一步:提出原假设(检验水准为 0.05),H_0 表示多个样本总体均值相等,H_1 表示多个样本总体均值不相等或不全等。

第二步:选择检验统计量。方差分析借助 F 分布做出统计判断,基本公式为

$$F \text{ 值} = \frac{\text{组间差异}}{\text{组内差异}}$$

第三步:计算检验统计量和概率 p 值。当 H_0 成立时,理论上各组间总体均值相等,即均值无差异;但随机误差总是存在,而随机误差比较小,此时组间差异接近于组内差异,所以 F 值不会太大,接近于 1。反之,如果组间差异明显高于组内差异,即 F 值远大于 1,则组间不一致程度明显增强。

第四步:结合 p 值显著水平对比,如果 p 值小于检验水平,F 值远大于 1,则拒绝原假设,说明均值的差异显著,有统计学意义。

四、方差分析的分类

在方差分析中,分类的条件被称为因素,分类条件下的取值等级被称为水平,水平有时候是被人为划分的,比如身高分为高、中、低三类。若试验中只有一个因素则称为单因素方差分析,若有多个因素则称为多因素方差分析。

(一)单因素方差分析

单因素方差分析用于检验一个控制变量在不同水平上是否给观察变量造成显著影响,它包括两部分过程:首先确定各组平均值之间是否有显著性差异,如果拒绝了原假设,各组平均值之间有差别,再继续寻找哪个组的平均值明显不同于其他组。

（二）多因素方差分析

多因素方差分析用来研究两个及以上控制变量，以及它们之间的交互作用是否对观测变量产生显著影响。在多因素方差分析中，把单个因素在不同水平下对实验结果产生的影响称为主效应，把多个因素在不同水平下共同对实验结果产生的影响称为交互效应。

（三）协方差分析

协方差分析是方差分析的引申，无论是单因素方差分析还是多因素方差分析，从理论上讲，控制因素各个水平都可以人为控制和确定。在实际工作中，有些因素很难人为控制，但它们的不同水平确实对观测变量产生了较为显著的影响，如果不加以考虑，可能会导致错误的结论，这就需要用到协方差分析，其基本原理是将线性回归与方差分析结合起来，调整各组平均数和 F 检验的实验误差项，检验有无显著差异，以便控制协变量在方差分析中的影响。如此可将协变量对因变量的影响从自变量中分离出去，进一步提高实验精度和检验灵敏度。

第二节　单因素方差分析在宏观经济监测中的应用

一、提出问题

广东省、江苏省和山东省经济总量位列全国前三，从统计局官网获取 2020 年这三个省份所辖设区市的地区生产总值，比较这三个省份所辖市在该指标上是否有显著差异。

二、实现步骤

步骤 1：将数据录入 SPSS，在省份指标中，用 1 代表广东省，2 代表江苏省，3 代表山东省，如图 7-2-1 所示。

图 7-2-1　1 代表广东省,2 代表江苏省,3 代表山东省

步骤 2:在工具栏"分析(A)"中的"比较平均值(M)"中选择"单因素 ANOVA 检验"选项,如图 7-2-2 所示。

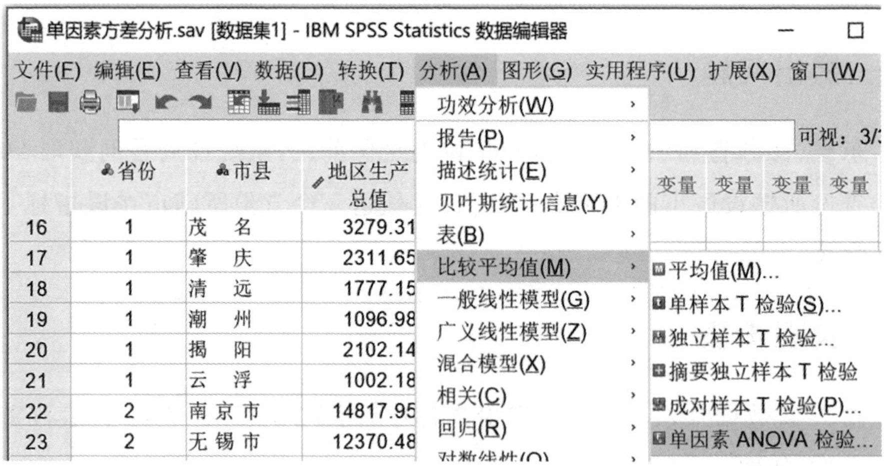

图 7-2-2　选择"单因素 ANOVA 检验"选项

步骤 3:在弹出的"单因素 ANOVA 检验"对话框中,将左侧对话框中的"地区生产总值"指标选入右侧的"因变量列表(E)"中,将"省份"指标选入右下方的"因

子(F)"对话框,如图 7-2-3 所示。然后单击"对比(N)"按钮。

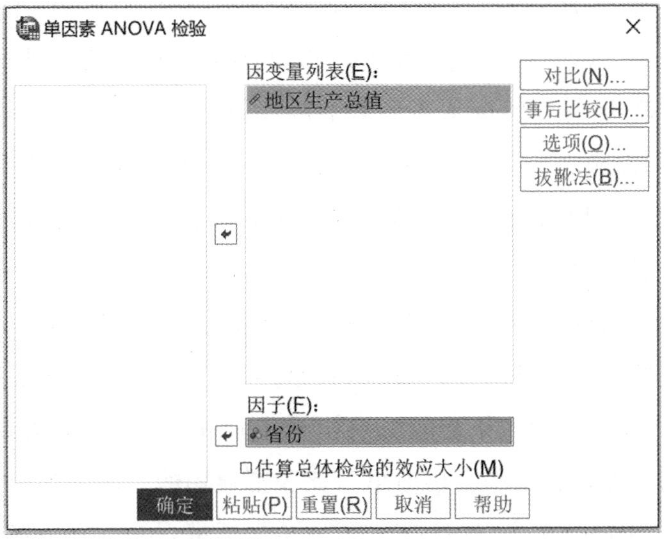

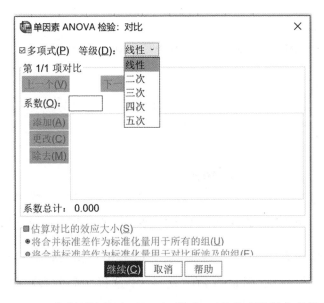

图 7-2-3 在"单因素 ANOVA 检验"对话框中的操作

步骤 4:在"单因素 ANOVA 检验:对比"对话框中选择"多项式(P)"和"线性",把组间平方和分解为线性多项式。软件提供了多种方式的对比等级,当控制变量为定序变量时,能够分析随着自变量水平的变化,因变量是否呈现线性或二次、三次变化,可以准确把握自变量对因变量的影响程度和趋势。本例选择线性,如图 7-2-4 所示。单击"继续(C)"按钮,返回方差分析主对话框。

图 7-2-4 在"单因素 ANOVA 检验:对比"对话框中的操作

步骤 5：单击"事后比较（H）"按钮，进入多重比较页面，其中"假定等方差"对话框中有很多比较方法，如 LSD 法、SNK 法、图基（Tukey）法和邦弗伦尼（Bonferroni）法等。LSD 法即最小显著差法，其使用 t 检验进行两两比较，不对 p 值进行校正；SNK 法将均值按从高到低的顺序排序，首先检验极端差分；图基法是最常用的校正方法之一，需要样本数目相同，可能产生较多的假阴性结果；邦弗伦尼法需要对 p 值进行校正，当两两比较的次数过多时（不少于 10 次），其结果比 LSD 法和 SNK 法保守。

虽然上述检验方法各异，但一般 LSD 法最常用，该法其实是 t 检验的一个简单变形，并未对检验水准做出任何校正，只是为所有组的平均值统一估计了一个更为稳健的标准误差。但如果比较的各组样本量相等，则图基法效率较高；如果样本量不同，则推荐费希尔法。事前事后比较都通用的方法是邦弗伦尼法。

本例选择 LSD 法，单击"继续（C）"返回主对话框，如图 7-2-5 所示。

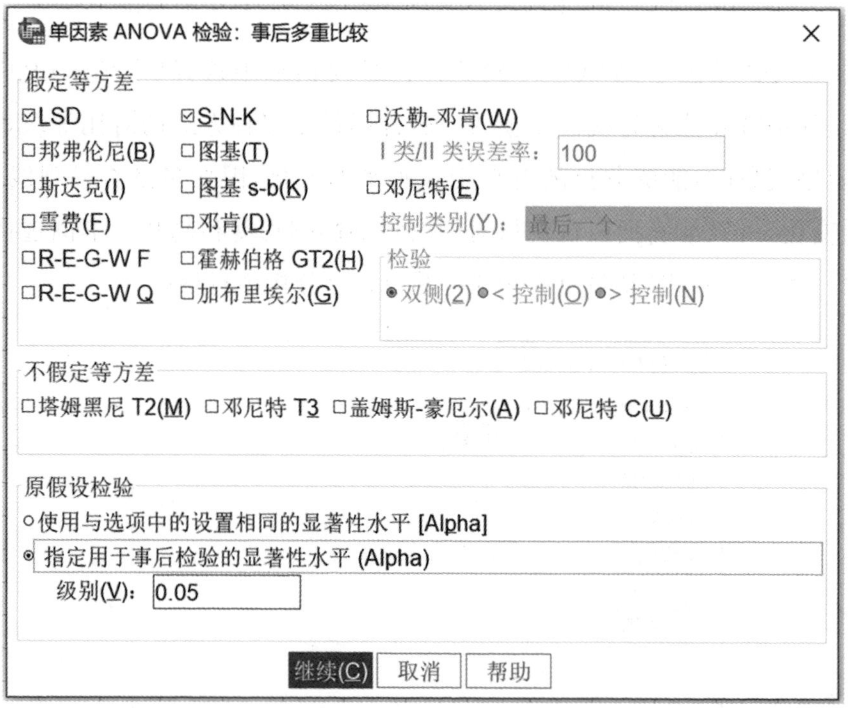

图 7-2-5　在"单因素 ANOVA 检验：事后多重比较"对话框中的操作

步骤 6：在"单因素 ANOVA 检验"主对话框中单击"选项（O）"按钮，进入"单因素 ANOVA 检验：选项"对话框，在"统计"中选择"描述（D）"和"方差齐性检验（H）"，对变量进行方差齐性检验，如图 7-2-6 所示。然后单击"继续（C）"返回主对话框,再单击"确定",系统自动计算并给出结果。

图 7-2-6 在"单因素 ANOVA 检验:选项"对话框中的操作

三、结果解读

地区生产总值方差齐性检验结果显示,Levene 统计量为 1.990,$p=0.148>0.05$,接受原假设,认为各组总体方差相等,满足方差检验前提条件,如表 7-2-1 所示。

表 7-2-1 地区生产总值方差齐性检验结果

Levene 统计量	df1	df2	显著性
1.990	2	47	0.148

地区生产总值描述结果显示,广东省 21 个市地区生产总值的均值为 5274.33 亿元,标准差为 7477.39 亿元;江苏省 13 个市地区生产总值的均值为 8047.67 亿元,标准差为 5069.34 亿元;山东省 16 个市地区生产总值的均值为 4568.46 亿元,标准差为 3065.84 亿元。三省 50 个市地区生产总值的均值为 5769.52 亿元。仅从均值

看,三省各有差异,但是否显著还需做进一步验证。相关结果如表 7-2-2 所示。

表 7-2-2　地区生产总值描述统计量　　　　　　　　单位:亿元

省份	均值	标准差	标准误差	均值的 95% 置信区间		极小值	极大值
				下限	上限		
广东省	5274.33	7477.39	1631.70	1870.66	8678.00	1002.18	27670.24
江苏省	8047.67	5069.34	1405.98	4984.29	11111.04	3262.37	20170.45
山东省	4568.46	3065.84	766.46	2934.79	6202.13	1733.25	12400.56
总数	5769.52	5826.22	823.95	4113.73	7425.31	1002.18	27670.24

注:广东省所统计的市的个数为 21 个,江苏省为 13 个,山东省为 16 个。

地区生产总值单因素方差分析第一行的结果显示,组间检验的 $F = 1.44$,$p = 0.25 > 0.05$,接受原假设,认为三省所辖市的组间平均值没有显著差异,即三省均值虽有差别,但没有统计学意义,三省经济总量的差别主要取决于所辖市的数量,如表 7-2-3 所示。

表 7-2-3　地区生产总值单因素方差分析

指标			平方和	df	均方	F	显著性
组间	(组合)		95699598.77	2	47849799.39	1.44	0.25
	线性项	未加权的	4524707.21	1	4524707.21	0.14	0.71
		加权的	2130344.73	1	2130344.73	0.06	0.80
		偏差	93569254.04	1	93569254.04	2.81	0.10
组内			1567596108.50	47	33353108.69	—	—
总数			1663295707.27	49	—	—	—

我们还可以通过两两比较做进一步细分。地区生产总值 LSD 法多重比较结果显示,每个省与其他两个省两两比较的 p 值均大于 0.05,接受原假设,认为三省所辖市的组间均值没有显著差异,即三省均值虽有实际大小差别,但这种差别没有统计学意义,如表 7-2-4 所示。

表 7-2-4　地区生产总值 LSD 法多重比较　　　　　　　　单位：亿元

（I）省份	（J）省份	均值差（I－J）	标准误差	显著性	95％置信区间	
					下限	上限
广东省	江苏省	−2773.34	2038.10	0.18	−6873.47	1326.80
	山东省	705.87	1916.46	0.71	−3149.54	4561.29
江苏省	广东省	2773.34	2038.10	0.18	−1326.80	6873.47
	山东省	3479.21	2156.43	0.11	−858.97	7817.39
山东省	广东省	−705.87	1916.46	0.71	−4561.29	3149.54
	江苏省	−3479.21	2156.43	0.11	−7817.39	858.97

四、特别注意

方差分析或者均值比较结果是否具有统计学意义，即差异是否显著是相对的。就山东省而言，在 16 市内部开展地区生产总值比较有可能存在显著差异，其他两省也可能存在这种情况。但作为省内的普通一员，共同参加多省间的比较，在更大的分组中比较，原先小范围内的显著差异有可能在大颗粒度比较下失去了显著性。

第三节　多因素方差分析在大数据精准对比中的应用

一、提出问题

以"云走齐鲁"万人线上健步走数据为例，比较参赛人员在不同性别、不同专业水平方面，对赛事总体满意度是否有显著差异。

二、实现步骤

步骤 1：将数据录入 SPSS，在"性别"指标中，用 1 表示男性，2 表示女性。

步骤 2：在工具栏"分析（A）"中的"一般线性模型（G）"中选择"单变量（U）"选项，如图 7-3-1 所示。

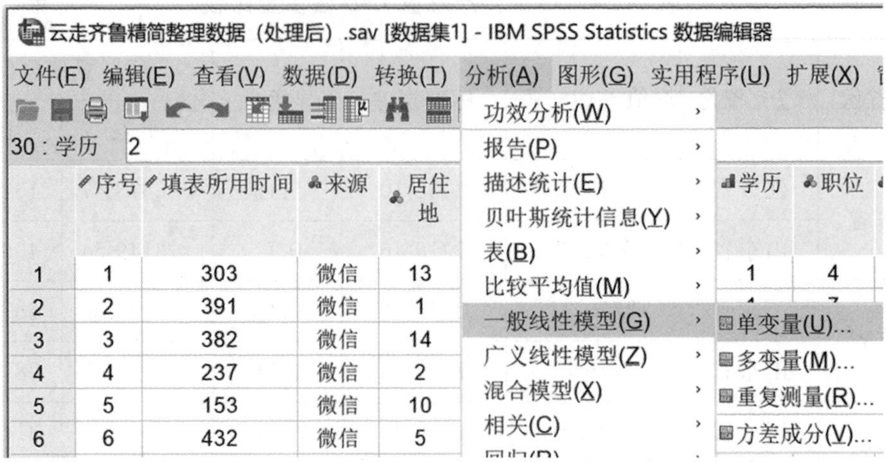

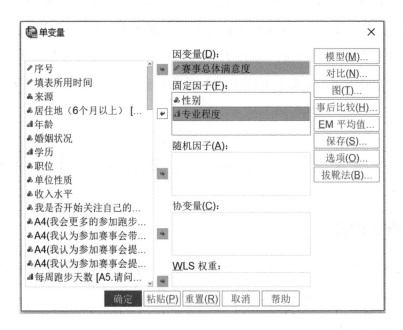

图 7-3-1 选择"单变量(U)"选项

步骤 3：在弹出的"单变量"对话框中，将"赛事总体满意度"选入"因变量(D)"对话框。将"性别""专业程度"两项指标选入"固定因子(F)"对话框，如图 7-3-2 所示。

图 7-3-2 对"单变量"对话框中的操作

步骤 4：单击"模型(M)"按钮进入"单变量：模型"对话框，如图 7-3-3 所示。该对话框主要是建立多因素方差分析模型，系统默认的是"全因子(A)"模型，选择该模型则显示多个控制变量对观察变量的固定作用部分、多个控制变量交互作用部分以及随机变量影响部分。

如果选择"构建项(B)"模型,则"因子与协变量(F)"选项会列出所有的固定因素变量、随机因素变量和协变量。在"构建项"中,"交互"即交互效应的方差分析,"主效应"即主效应的方差分析。

左下角的"平方和(Q)"用于定义平方和的分解方法,其中类型Ⅰ仅处理主效应,类型Ⅱ处理所有其他效应,类型Ⅲ处理Ⅰ和Ⅱ中的所有效应,类型Ⅳ要考虑所有的二维、三维、四维的交互效应。读者可以根据具体需求选择不同模型,本例选择类型Ⅲ。单击"继续(C)"返回主对话框。

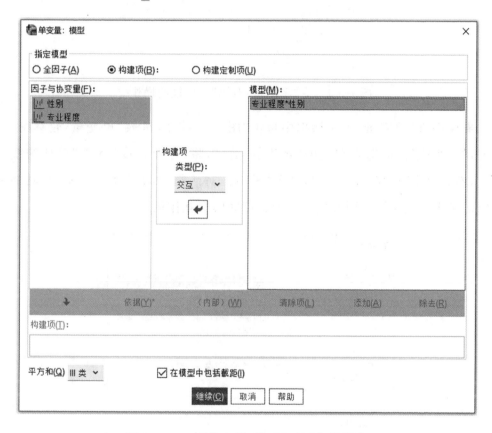

图 7-3-3　对"单变量:模型"对话框的操作

步骤5:在"单变量"主对话框中单击"对比(N)"按钮,进入"单变量:对比"对话框,如图7-3-4所示。该功能用于对比检验各水平上的观察变量间差异的方法。SPSS在"对比(N)"中提供了多种对比方法,其中,"无"表示不进行因子各水平间的任何比较,"偏差"表示因子变量每个水平与总平均值进行对比。读者可以根据工作需要选择不同方法。

图 7-3-4　对"单变量：对比"对话框的操作

步骤 6：在"单变量"主对话框中单击"图（T）"按钮，进入"单变量：轮廓图"对话框，将"性别"指标选入右侧的"水平轴（H）"，将"专业程度"选入"单独的线条（S）"，然后单击"添加（A）"按钮，进入"图（T）"对话框，如图 7-3-5 所示。该功能主要以可视化方式显示不同性别和专业程度间的交互作用。

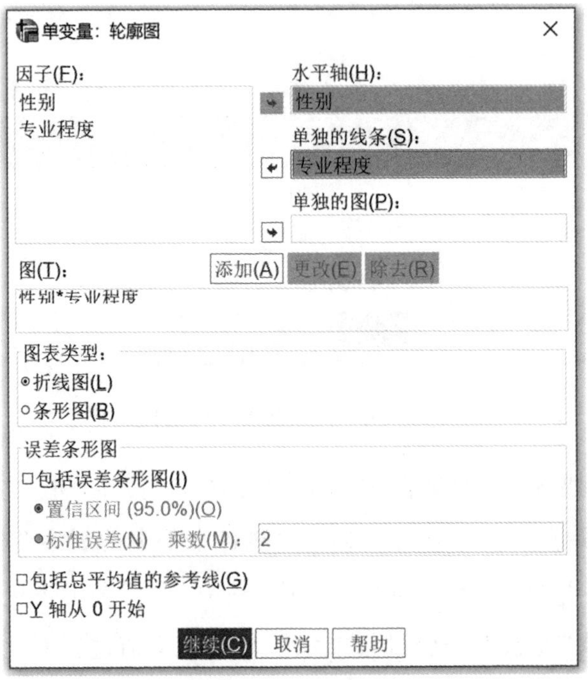

图 7-3-5　对"单变量：轮廓图"对话框的操作

步骤7：在"单变量"主对话框中单击"事后比较(H)"按钮，进入"单变量：实测平均值的事后多重比较"对话框，将"性别"和"专业程度"指标选入右侧"下列各项的事后检验(P)"对话框，然后在"假定等方差"对话框中选择"LSD"方法，也可以根据需要选择其他检验方法，如图 7-3-6 所示。

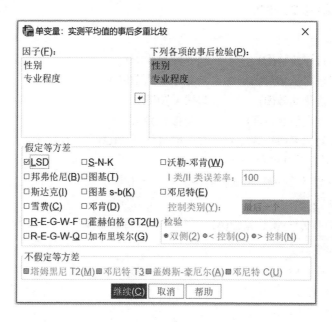

图 7-3-6　对"单变量：实测平均值的事后多重比较"对话框的操作

步骤8：在"单变量"主对话框中单击"EM 平均值"按钮，进入"单变量：估算边际平均值"对话框。将左侧的 OVERALL 选入右侧对话框，表示对总体因素进行计算，如图 7-3-7 所示。

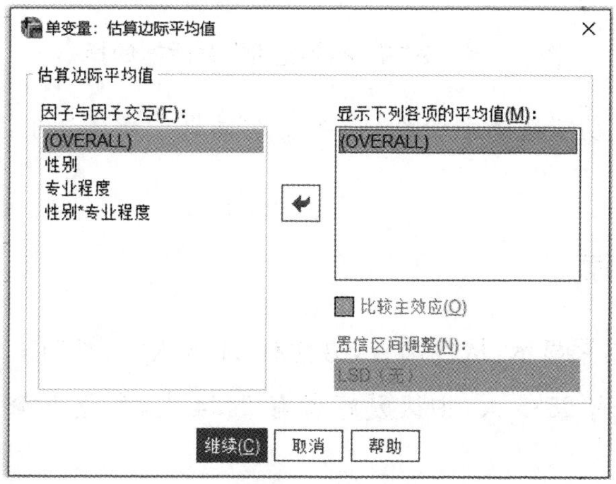

图 7-3-7　对"单变量：估算边际平均值"对话框的操作

步骤 9：在"单变量"主对话框中单击"选项（O）"按钮，进入"单变量：选项"对话框。该功能可提供一些基于固定效应模型的统计量。选择"描述统计（D）"和"齐性检验（H）"，如图 7-3-8 所示。

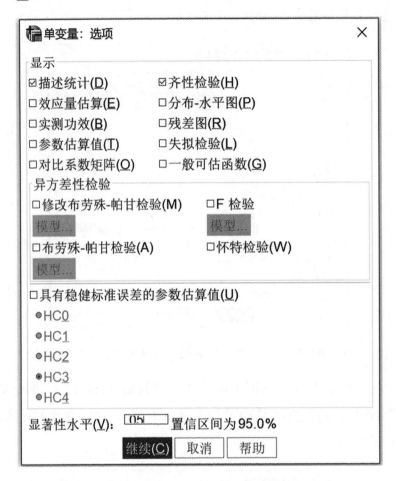

图 7-3-8　对"单变量：选项"对话框的操作

步骤 10：其他功能选择系统默认，在主对话框中单击"确定"按钮，系统自动计算并给出结果。

三、结果解读

主体间因子结果显示：从性别看，男性有 3108 人，女性有 2257 人。从专业程度看，初级爱好者有 2536 人，中级爱好者有 2424 人，专业资深爱好者有 405 人，如表 7-3-1 所示。

表 7-3-1 主体间因子结果

		值标签	N
性别	1	男	3108
	2	女	2257
专业程度	1	初级爱好者	2536
	2	中级爱好者	2424
	3	专业资深爱好者	405

描述统计量显示,在赛事总体满意度方面,不同性别、不同专业程度人员的打分均值不同。例如,男性初级爱好者一共 1216 人,他们的总体满意度均值为 5.85,标准偏差为 1.557,如表 7-3-2 所示。

表 7-3-2 描述统计量

因变量:赛事总体满意度

性别	专业程度	均值	标准偏差	N
男	初级爱好者	5.85	1.557	1216
	中级爱好者	5.73	1.501	1585
	专业资深爱好者	5.84	1.506	307
	总计	5.79	1.524	3108
女	初级爱好者	6.04	1.625	1320
	中级爱好者	5.79	1.563	839
	专业资深爱好者	5.71	1.547	98
	总计	5.93	1.603	2257
总计	初级爱好者	5.95	1.595	2536
	中级爱好者	5.75	1.523	2424
	专业资深爱好者	5.81	1.515	405
	总计	5.85	1.559	5365

误差方差等同性的 Levene 检验结果显示,$F = 0.550$,$p = 0.738 > 0.05$,接受原假设,即在所有组中因变量的误差方差均相等,满足方差检验的前提条件,如表 7-3-3 所示。

表 7-3-3　误差方差等同性的 Levene 检验结果[a]

因变量:赛事总体满意度			
F	df1	df2	Sig.
0.550	5	5359	0.738

注:检验原假设,即在所有组中因变量的误差方差均相等。

　　a.设计:截距＋性别＋专业程度＋性别×专业程度。

主体间效应的检验结果显示,校正模型 $F = 5.989$,$p = 0.000 < 0.05$,拒绝原假设,认为方差分析模型中所有因素对结果均有影响。对于本例则解释为性别和专业程度对赛事总体满意度的评价有影响,至于何种因素显著,具体问题还要具体分析。主体间效应的检验结果如表 7-3-4 所示。

表 7-3-4　主体间效应的检验结果

源	Ⅲ型平方和	df	均方	F	Sig.
	因变量:赛事总体满意度				
校正模型	72.472[a]	5	14.494	5.989	0.000
截距	72466.676	1	72466.676	29943.644	0.000
性别	0.748	1	0.748	0.309	0.578
专业程度	42.102	2	21.051	8.698	0.000
性别＊专业程度	9.201	2	4.600	1.901	0.150
误差	12969.327	5359	2.420	—	—
总计	196549.000	5365	—	—	—
校正的总计	13041.800	5364	—	—	—

注:a.$R^2 = 0.006$(调整 $R^2 = 0.005$)。

性别 $F=0.309$，$p=0.578>0.05$，接受原假设，即男女参赛人员对于赛事的总体满意度没有显著差异。专业程度 $F=8.698$，$p=0.000<0.05$，拒绝原假设，即不同专业程度的参赛选手对于赛事的总体满意度有显著差异。性别与专业程度的交互作用 $F=1.901$，$p=0.150>0.05$，接受原假设，即交互作用没有对赛事总体满意度产生显著差异。

LSD法两两比较的结果显示，初级爱好者与中级爱好者的均值差值为 0.20，$p=0.000<0.05$，拒绝原假设，两类群体对于赛事的总体满意度具有显著差异。再结合表 7-3-2 的描述统计量可以发现，初级爱好者对赛事的总体满意度要显著高于中级爱好者，与人员多少没关系。同时，尽管中级和专业资深爱好者没有显著差异，但从总体上看，中级爱好者对本次赛事的满意度最低。可见，常年参赛的老选手对赛事的态度稳定，总体满意度为 5.81，评判较为客观。初级爱好者由于初次参赛，新鲜度很高，总体满意度也很高，达到 5.95。对于这批人群，应当加大赛事推广力度，优化中间趣味环节，保持他们的新鲜感，从而提高赛事的影响度和黏着力。中级爱好者由于新鲜度减弱，他们更希望实现向专业领域的跨越，因此对赛事的满意度相对最低，得分低说明期望高，因此对于这部分人群应当加大对专业环节的设计，提升他们在该项运动中的专业化水平。

其他组间对比的 p 值均大于 0.05，接受原假设，认为对于赛事总体满意度没有显著差异。相关结果如表 7-3-5 所示。

表 7-3-5　赛事总体满意度统计量

（I）专业程度	（J）专业程度	均值差值（I－J）	标准误差	Sig.	95%置信区间	
					下限	上限
初级爱好者	中级爱好者	0.20*	0.044	0.000	0.11	0.28
	专业资深爱好者	0.14	0.083	0.091	－0.02	0.30
中级爱好者	初级爱好者	－0.20*	0.044	0.000	－0.28	－0.11
	专业资深爱好者	－0.06	0.084	0.501	－0.22	0.11
专业资深爱好者	初级爱好者	－0.14	0.083	0.091	－0.30	0.02
	中级爱好者	0.06	0.084	0.501	－0.11	0.22

注：* 基于观测到的均值，误差项为均值方（错误）为 2.420；均值差值在 0.05 级别上较显著。

赛事总体满意度的估算边际平均值轮廓图显示,不同性别和专业程度的三条折线没有完全交叉在一点,说明不同人群之间没有交互效应,如图 7-3-9 所示。

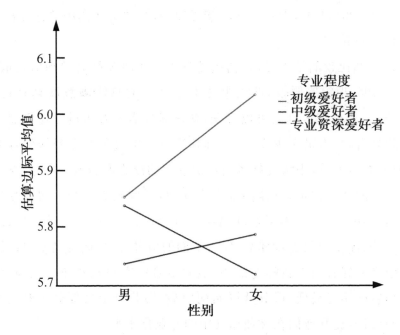

图 7-3-9　赛事总体满意度的估算边际平均值轮廓图

第四节　协方差分析在大数据精准对比中的应用

一、提出问题

以"云走齐鲁"万人线上健步走数据为例,在多因素方差分析中,不同专业水平人群对赛事总体满意度存在显著差异,主要是初级爱好者和中级爱好者之间差异明显。考虑到人们有先入为主的认知习惯,为更加准确地研究不同专业程度参赛选手对赛事的总体满意度,需要排除先入为主的因素影响。

本例考虑协方差因素为调查问卷中的"我是否开始关注自己的身体健康",因为关注自身健康问题的人往往对赛事的组织环节、活动强度等都更加关注,稍有不如意就容易扩大情绪。我们要通过协方差分析了解参赛人员对自身健康的关注情况,判断其是否对赛事总体满意度产生了影响。

二、实现步骤

步骤 1:在工具栏"分析(A)"中的"一般线性模型(G)"中选择"单变量(U)"选项,如图 7-4-1 所示。

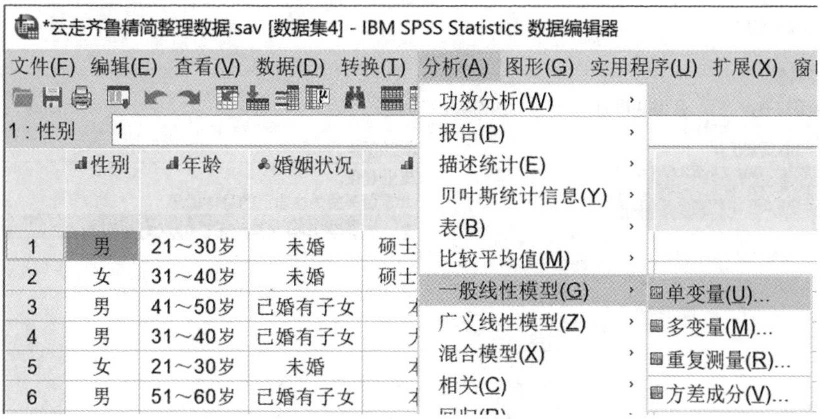

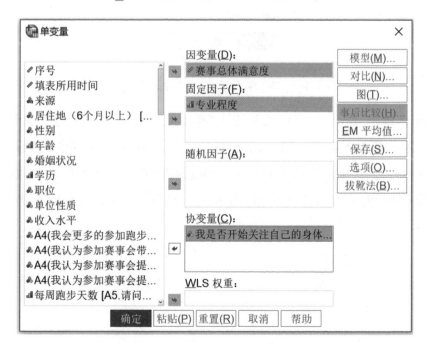

图 7-4-1 选择"单变量(U)"选项

步骤 2:在弹出的"单变量"对话框中,将"赛事总体满意度"选入"因变量(D)"对话框。将"专业程度"选入"固定因子(F)"对话框。将"我是否开始关注自己的身体健康"选入"协变量(C)"对话框,如图 7-4-2 所示。

图 7-4-2 对"单变量"对话框的操作

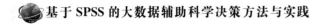

步骤 3：单击"模型（M）"按钮，进入"单变量：模型"对话框，在"构建项（B）"模型中，将"专业程度"和"我是否开始关注自己的身体健康"，以及它们的交互选入右侧的"模型（M）"，其他功能选择系统默认，如图 7-4-3 所示。单击"继续（C）"按钮返回"单变量"对话框。

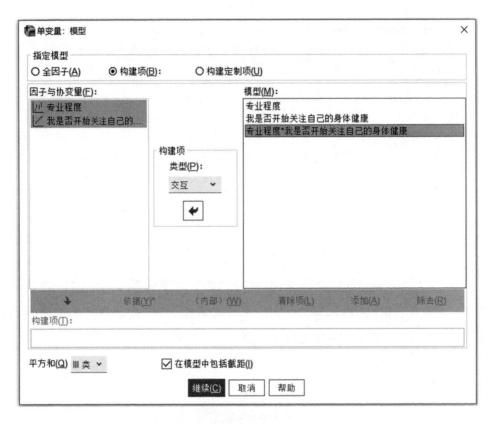

图 7-4-3　对"单变量：模型"对话框的操作

步骤 4：单击"EM 平均值"按钮进入"单变量：估算边际平均值"对话框。将"专业程度"指标选入右侧的"显示下列各项的平均值（M）"对话框，然后选择"比较主效应（O）"。这里的边际平均值是指剔除其他变量影响时的均值，如果只有一个自变量时，边际均值等于均值；当有多个自变量时，二者会略有出入，如图 7-4-4所示。

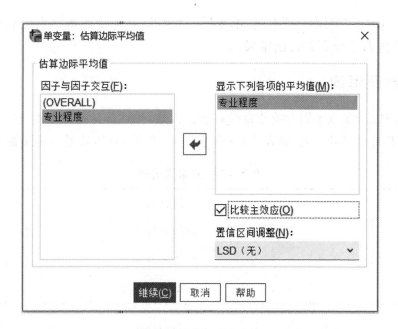

图 7-4-4　对"单变量:估算边际平均值"对话框的操作

步骤 5:单击"选项(O)"按钮进入"单变量:选项"对话框。选择"描述统计(D)""齐性检验(H)"以及"参数估算值(T)",如图 7-4-5 所示。

图 7-4-5　对"单变量:选项"对话框的操作

步骤 6:单击"继续(C)"返回"单变量"对话框,其他功能选择系统默认。单击"确定",系统自动计算并给出结果。

三、结果解读

主体间因子显示不同专业程度爱好者的人数,描述统计量显示不同专业程度爱好者对赛事满意度的均值,如表 7-4-1 和表 7-4-2 所示,具体数据不再详细解读。

表 7-4-1 主体间因子

		值标签	N
专业程度	1	初级爱好者	2536
	2	中级爱好者	2424
	3	专业资深爱好者	405

表 7-4-2 描述统计量

因变量:赛事总体满意度

专业程度	均值	标准偏差	N
初级爱好者	5.95	1.595	2536
中级爱好者	5.75	1.523	2424
专业资深爱好者	5.81	1.515	405
总计	5.85	1.559	5365

误差方差等同性的 Levene 检验结果显示,$F=0.595$,$p=0.551>0.05$,接受原假设,认为方差相等,满足方差分析的前提条件,如表 7-4-3 所示。

表 7-4-3 误差方差等同性的 Levene 检验[a]

因变量:赛事总体满意度

F	df1	df2	Sig.
0.595	2	5362	0.551

注:检验原假设,即在所有组中因变量的误差方差均相等。

a.设计:截距＋专业程度＋我是否开始关注自己的身体健康＋专业程度＊我是否开始关注自己的身体健康。

主体间效应的检验结果显示,校正模型的 $F=19.667$,$p=0.000<0.05$,认为方差分析模型中所有因素对结果有影响,至于何种因素影响显著,具体情况还要具体分析。专业程度 $F=3.331$,$p=0.036<0.05$,拒绝原假设,认为专业程度对赛事总体满意度有显著差异。这个检验结果与多因素方差分析相同。"我是否开始关注自己的身体健康"中的协方差变量 $p=0.000$,拒绝原假设,认为协方差变量对结果产生了显著影响。"专业程度 * 我是否开始关注自己的身体健康"交互影响的 $p=0.377$,大于 0.05,接受原假设,即二者的交互影响对结果没有产生显著影响,如表 7-4-4 所示。

表 7-4-4 主体间效应的检验

因变量:赛事总体满意度

源	Ⅲ型平方和	df	均方	F	Sig.
校正模型	235.002ᵃ	5	47.000	19.667	0.000
截距	49424.343	1	49424.343	20681.599	0.000
专业程度	15.923	2	7.961	3.331	0.036
我是否开始关注自己的身体健康	87.980	1	87.980	36.815	0.000
专业程度 * 我是否开始关注自己的身体健康	4.661	2	2.331	0.975	0.377
误差	12806.798	5359	2.390	—	—
总计	196549.00	5365	—	—	—
校正的总计	13041.800	5364	—	—	—

注:a.$R^2=0.018$(调整 $R^2=0.017$)。

参数估计显示,"我是否开始关注自己的身体健康"指标的协方差变量 $B=0.354>0$,$p=0.027<0.05$,说明该指标对总体满意度的影响呈正向,即值越大总体满意度越高,且具有统计学意义,如表 7-4-5 所示。

表 7-4-5　参数估计

因变量:赛事总体满意度

参数	B	标准误差	t	Sig.	95% 置信区间	
					下限	上限
截距	5.681	0.096	59.254	0.000	5.493	5.869
[专业程度=1]	0.049	0.110	0.441	0.659	−0.168	0.265
[专业程度=2]	−0.124	0.105	−1.186	0.236	−0.329	0.081
[专业程度=3]	0ᵃ	—	—	—	—	—
我是否开始关注自己的身体健康	0.354	0.160	2.208	0.027	0.040	0.668
[专业程度=1] * 我是否开始关注自己的身体健康	−0.034	0.173	−0.197	0.844	−0.374	0.306
[专业程度=2] * 我是否开始关注自己的身体健康	0.092	0.172	0.537	0.592	−0.245	0.430
[专业程度=3] * 我是否开始关注自己的身体健康	0ᵃ	—	—	—	—	—

注:a.此参数为冗余参数,将被设为零。

两两成对比较结果显示,在协方差分析下,初级爱好者和中级爱好者仍具有显著差异,$p=0.023<0.05$,拒绝原假设。结合描述统计量可以看出,初级爱好者的总体满意度依旧显著高于中级爱好者。双方精细比较结果如表 7-4-6 所示。

表 7-4-6　精细比较结果

因变量：赛事总体满意度

专业程度（I）	专业程度（J）	均值差值（$I-J$）	标准误差	Sig.[b]	差分的 95% 置信区间[b]	
					下限	上限
初级爱好者	中级爱好者	0.103*	0.045	0.023	0.015	0.192
	专业资深爱好者	0.030	0.089	0.735	−0.144	0.204
中级爱好者	初级爱好者	−0.103*	0.045	0.023	−0.192	−0.015
	专业资深爱好者	−0.073	0.089	0.407	−0.247	0.100
专业资深爱好者	初级爱好者	−0.030	0.089	0.735	−0.204	0.144
	中级爱好者	0.073	0.089	0.407	−0.100	0.247

注：基于估算边际均值。

*.均值差值在 0.05 级别上较显著。

b.对多个比较的调整：最不显著差别（相当于未作调整）。

第八章　相关分析

世间事物是相互联系、相互影响的，有些关系强，有些关系弱，程度各异。描述客观事物相互关系的密切程度，并用相关系数表述的方法就是相关分析。

第一节　基本概念与原理

一、相关分析的基本类别

在相关分析具体应用过程中，因为变量类型不同，分析目的不同，采用的分析方法也不同。常用的分析方法有定距变量相关分析、定序变量相关分析、偏相关分析和距离相关分析。

(1)定距变量相关分析。定距变量相关分析是对两个或两个以上定距变量之间两两相关的程度进行分析，用皮尔逊(Pearson)简单相关系数进行衡量，它的取值可以用来比较相关程度的大小。

(2)定序变量相关分析。定序变量相关分析是用斯皮尔曼(Spearman)和肯德尔等级相关系数(Kendall's tua-b)衡量定序变量的紧密程度，其取值表示观测对象的某种顺序紧密关系，如先后、等级、方位等。

(3)偏相关分析。偏相关分析是在研究两个变量之间的线性相关关系时，控制可能对它们产生影响的其他变量，然后计算变量之间的相关关系。

(4)距离分析。距离分析是观测变量之间相似或不相似程度的一种测度分析，这里的距离是一种广义的距离，并非物理学概念上的距离。

二、相关系数

常用的相关系数主要包括简单相关系数、复相关系数、典型相关系数、偏相关系数等。在实际工作中，一个变量的变化往往受到多种变量的综合影响，这就要采用复相关系数和典型相关系数。

(1)简单相关系数。简单相关系数最早由统计学家卡尔·皮尔逊(Karl Pearson)设计，即皮尔逊简单相关系数，它是研究变量之间线性相关程度的量，一般用字母 r 表示，取值范围为 $[-1,1]$。r 的绝对值越接近 1，两个变量的相关程度越强；r 的绝对值越接近 0，两个变量的相关程度越弱；当 $r=0$ 时，表示两个变量没有线性相关关系，但不排除存在非线性关系。

(2)复相关系数。复相关系数是反映一个因变量与一组自变量线性相关程度的指标，包含所有变量在内的相关系数。复相关系数的取值范围是 $[0,1]$。复相关系数越大，表明多变量之间的线性相关程度越密切。

(3)典型相关系数。典型相关系数是对原来各组变量进行主成分分析，得到新的线性关系的综合指标，再通过综合指标之间的线性相关系数来研究原先各组变量间的相关关系。

三、相关类型

相关类型包括正相关、负相关、高度相关、中度相关和弱相关。

(1)正相关。正相关是指具有相关关系的变量变动方向一致，此时 r 值为 $0\sim1$，散点图斜向上，一个变量增加，另一个变量也同向增加。

(2)负相关。负相关是指具有相关关系的变量变动方向相反，此时 r 值为 $-1\sim0$，散点图斜向下，一个变量增加，另一个变量将同步减少。

(3)高度相关。通常认为 r 的绝对值在 0.8 以上为高度相关，为正是正高度相关，为负是负高度相关。一般来说，在自然科学研究领域需要高度相关。

(4)中度相关。r 的绝对值为 $0.5\sim0.8$ 为中度相关。一般来说，在社会学研究领域需要中度相关以上，在复杂的心理、社会关系等研究领域，甚至可以放宽至 0.4 左右。

(5)弱相关。r 的绝对值为 $0.3\sim0.5$ 为弱相关。

四、需要注意的问题

相关系数只是相关紧密程度的直观体现,必须借助 t 检验来确定是否显著。简单相关系数所反映的并不是确定的函数关系,而仅仅是线性关系,且不一定是因果关系。

相关系数接近于 1 的程度与数据组数 n 相关。当 n 较小时,样本相关系数的绝对值易接近于 1;当 n 较大时,相关系数的绝对值容易偏小。这是因为样本量增加造成了样本间差异的增大,因此判断相关强弱主要看显著性,而非仅仅看相关系数本身。

第二节 定距变量相关分析在宏观经济决策中的应用

一、提出问题

在国民经济运行中,扩消费一直是宏观经济调控的重要内容,而消费支出与个人的收入有极强的关系。如果要扩大消费支出,首先要研究消费与收入的相关关系,然后根据未来收入预期出台相应的刺激政策,促进消费合理增长。为此,我们从《山东统计年鉴》中获取了 2000～2020 年全省的城镇居民人均可支配收入和人均消费支出数据,来计算两个指标间的相关系数。

二、实现步骤

步骤 1:从山东省统计局官方网站下载相关数据,然后将数据录入 SPSS,如图 8-2-1 所示。

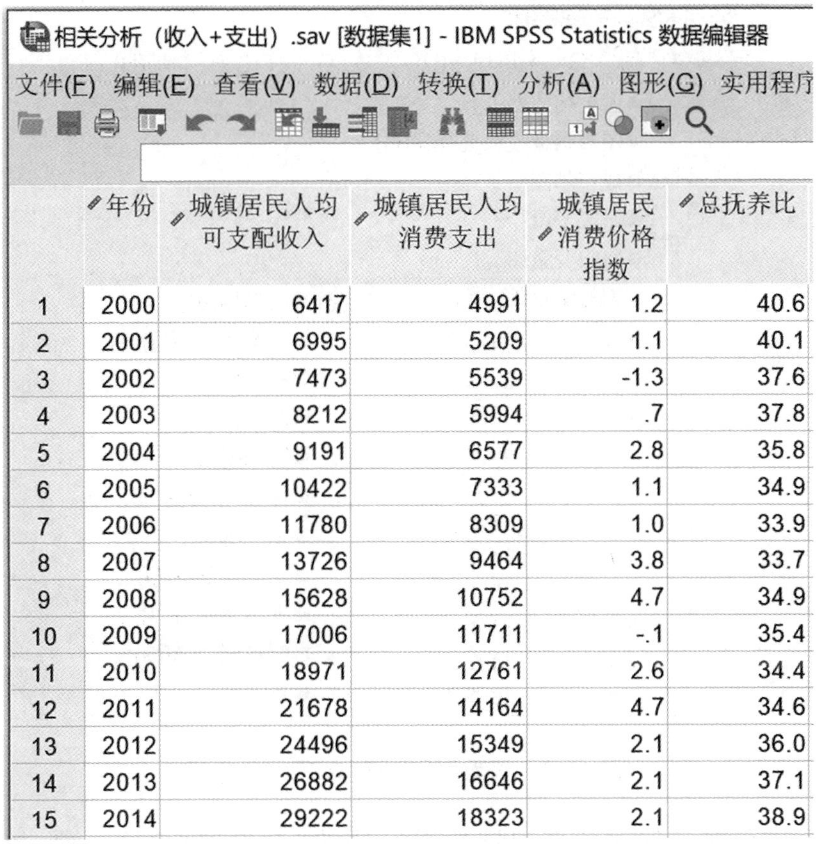

	年份	城镇居民人均可支配收入	城镇居民人均消费支出	城镇居民消费价格指数	总抚养比
1	2000	6417	4991	1.2	40.6
2	2001	6995	5209	1.1	40.1
3	2002	7473	5539	-1.3	37.6
4	2003	8212	5994	.7	37.8
5	2004	9191	6577	2.8	35.8
6	2005	10422	7333	1.1	34.9
7	2006	11780	8309	1.0	33.9
8	2007	13726	9464	3.8	33.7
9	2008	15628	10752	4.7	34.9
10	2009	17006	11711	-.1	35.4
11	2010	18971	12761	2.6	34.4
12	2011	21678	14164	4.7	34.6
13	2012	24496	15349	2.1	36.0
14	2013	26882	16646	2.1	37.1
15	2014	29222	18323	2.1	38.9

图 8-2-1　下载相关数据并录入 SPSS

步骤 2：在做相关分析前，通常先做散点图观察指标间的散布状态，对相关性做初步判断，这也是数据大局观常用的方法，要么看总体分布，要么看不同指标间的走势和散布状态，掌握总体情况。常规图形用 Excel 实现最为方便，统计类图表用 SPSS 较为方便，此处用 SPSS 来实现。在工具栏“图形(G)”中的“旧对话框(L)”中选取“散点图/点图(S)”选项，如图 8-2-2 所示。

PSS Statistics 数据编辑器

| 分析(A) | 图形(G) | 实用程序(U) | 扩展(X) | 窗口(W) | 帮助(H) |

□图表构建器(C)...
□图形画板模板选择器(G)...
□威布尔图...
□比较子组
□回归变量图
旧对话框(L)   ›

城镇居   变量 变量 变量 变量
消费倾   □条形图(B)...
指数   □三维条形图(3)...
          □折线图(L)...
          □面积图(A)...
          □饼图(E)...
          □盘高-盘低图(H)...
          □箱图(X)...
          □误差条形图(O)...
          □人口金字塔(Y)...
          □散点图/点图(S)...
          □直方图(I)...

-1.3	37.6
.7	37.8
2.8	35.8
1.1	34.9
1.0	33.9
3.8	33.7
4.7	34.9
-.1	35.4
2.6	34.4
4.7	34.6
2.1	36.0

图 8-2-2   选取"散点图/点图(S)"选项

步骤 3：在弹出的对话框中选择最左侧的"简单散点图"选项，如图 8-2-3 所示。

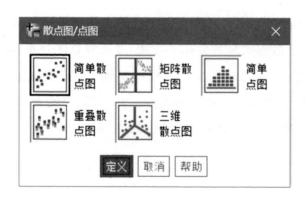

图 8-2-3   选择"简单散点图"选项

步骤 4：在弹出的"简单散点图"对话框中，将"城镇居民人均消费支出"选入右侧的"Y 轴"，将"城镇居民人均可支配收入"选入右侧的"X 轴"，其他功能选择默认，如图 8-2-4 所示。

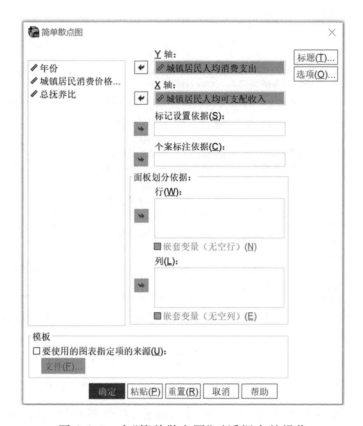

图 8-2-4 在"简单散点图"对话框中的操作

步骤 5：单击"确定"，系统会自动绘制两项指标的散点图，如图 8-2-5 所示。散点图显示，两项指标呈现明显的正相关关系。

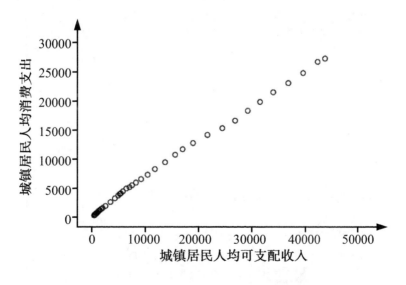

图 8-2-5 两项指标的散点图

步骤 6：在工具栏"分析（A）"中的"相关（C）"中选择"双变量（B）"选项，如图 8-2-6 所示。

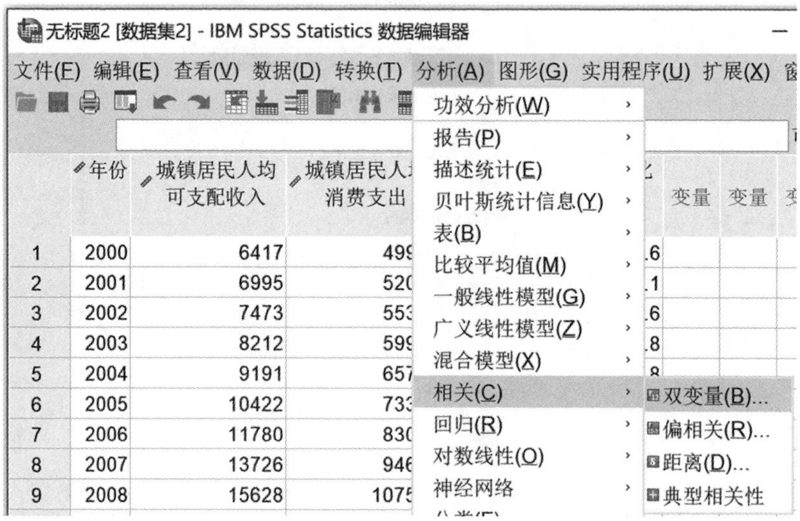

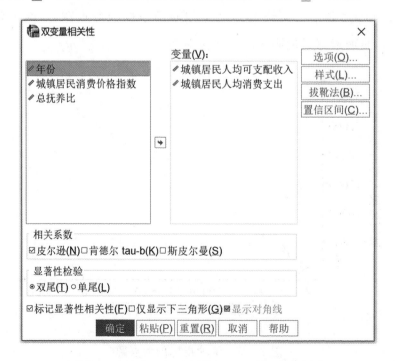

图 8-2-6　选择"双变量（B）"选项

步骤 7：在弹出的"双变量相关性"对话框中，将"城镇居民人均可支配收入"和"城镇居民人均消费支出"两个指标选入右侧的"变量（V）"对话框。相关系数选择"皮尔逊（N）"简单相关系数，显著性检验选择"双尾（T）"，如图 8-2-7 所示。

图 8-2-7　在"双变量相关性"对话框中的操作

步骤 8：单击"选项(O)"按钮，在弹出的"双变量相关性：选项"对话框中选择相应的统计量，并对缺失值进行处理。由于本例没有缺失值，所以只选择统计中的"平均值和标准差(M)"，如图 8-2-8 所示。

图 8-2-8   选择统计中的"平均值和标准差(M)"

步骤 9：单击"继续(C)"返回"双变量相关性"对话框，再单击"确定"按钮，系统自动计算并给出结果。

三、结果解读

描述统计量结果显示，城镇居民人均可支配收入的均值为 21716.62 元，标准差为 12535.69 元，有效样本为 21 个，即本例共收集了 2000 年以来 21 年的数据。城镇居民人均消费支出的均值为 14112.52 元，标准差为 7481.00 元，有效样本同样为 21 个，如表 8-2-1 所示。

表 8-2-1   描述统计量

	均值/元	标准差/元	N
城镇居民人均可支配收入	21716.62	12535.69	21
城镇居民人均消费支出	14112.52	7481.00	21

相关性检验结果显示,两项指标的 Pearson 相关系数为 1.000,双尾显著性检验 $p=0.000 < 0.01$,比常规的 0.05 的显著水平更加明显,可以认为两项指标显著相关,为完全正相关,如表 8-2-2 所示。

表 8-2-2　相关性检验结果

		城镇居民人均可支配收入	城镇居民人均消费支出
城镇居民人均可支配收入	Pearson 相关性	1.000	1.000**
	显著性(双尾)	—	0.000
	N	21	21
城镇居民人均消费支出	Pearson 相关性	1.000**	1.000
	显著性(双尾)	0.000	—
	N	21	21

注:＊＊表示在 0.01 水平(双尾)上显著相关。

第三节　偏相关分析在宏观经济决策中的应用

一、提出问题

仍以上述问题为例,在实际生活中,消费支出除了取决于收入水平外,还与家庭总抚养比有很大关系。中国人向来注重赡养老人、抚养孩子,为此往往省吃俭用。一般来讲,一个人的家庭抚养比越高,对消费越有抑制作用。可见,单纯研究消费和支出的相关关系有失偏颇,应当剔除家庭总抚养因素后再做比较。

二、实现步骤

步骤 1:从山东省统计局官网下载近年来家庭总抚养比数据,并录入 SPSS。

步骤 2:在工具栏"分析(A)"中的"相关(C)"中选择"偏相关(R)"选项,如图 8-3-1 所示。

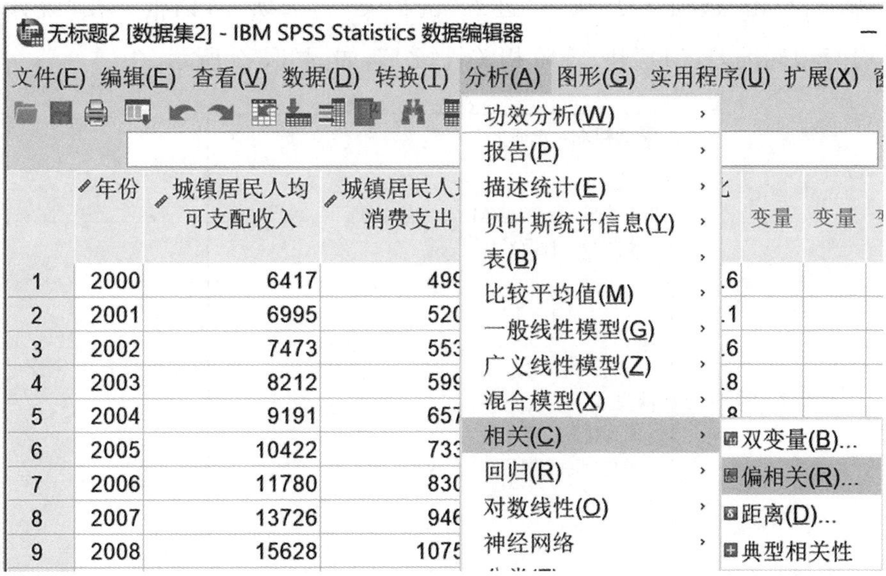

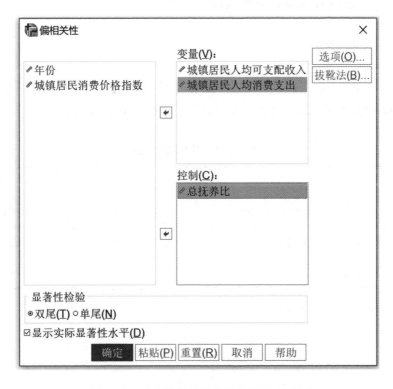

图 8-3-1　选择"偏相关(R)"选项

步骤 3：在弹出的"偏相关性"对话框中，将"城镇居民人均可支配收入"和"城镇居民人均消费支出"选入右侧的"变量(V)"对话框。将"总抚养比"选入"控制(C)"对话框，然后选择"双尾(T)"检验，如图 8-3-2 所示。

图 8-3-2　在"偏相关性"对话框中的操作

步骤 4:单击"选项(O)"按钮,进入"偏相关性:选项"对话框。在"统计"中选择"平均值和标准差(M)"和"零阶相关性(Z)",如图 8-3-3 所示。

图 8-3-3　选择"平均值和标准差(M)"和"零阶相关性(Z)"

步骤 5:单击"继续(C)"返回"偏相关性"对话框,其他功能选择系统默认,然后单击"确定",系统自动计算并给出结果。

三、结果解读

描述统计量显示,本例共收集了 2000 年以来 21 年的数据,同时计算出三项指标的均值和标准差,如表 8-3-1 所示,读者可参照上节自行解读。

表 8-3-1　描述统计量

指标	均值	标准差
城镇居民人均可支配收入/元	21716.62	12535.69
城镇居民人均消费支出/元	14112.52	7481.00
总抚养比/%	39.3	5.6

注:样本数量为 21 个。

偏相关检验结果的上半部分显示指标两两间的相关系数:城镇居民人均可支配收入和城镇居民人均消费支出的简单相关系数为 1.000,双尾显著性检验 $p=0.000<0.01$,二者之间存在显著的完全正相关关系。

城镇居民人均可支配收入与总抚养比的简单相关系数为 0.757,双尾显著性检验 $p=0.000<0.01$,二者之间存在显著的正相关关系。

城镇居民人均消费支出与总抚养比的简单相关系数为 0.759,双尾显著性检验 $p=0.000<0.01$,二者之间存在显著的正相关关系。

偏相关检验的下半部分显示,当纳入总抚养比指标后,城镇居民人均可支配收入和城镇居民人均消费支出的相关系数为 0.999,双尾显著性检验 $p=0.000<0.01$,二者之间存在显著的正相关关系。与简单的两两间相关系数 1.000 相比,偏相关系数更符合实际,如表 8-3-2 所示。

表 8-3-2　偏相关检验结果

控制变量			城镇居民人均可支配收入	城镇居民人均消费支出	总抚养比
一无一[a]	城镇居民人均可支配收入	相关性	1.000	1.000	0.757
		显著性(双尾)	—	0.000	0.000
		df	0	19	19
	城镇居民人均消费支出	相关性	1.000	1.000	0.759
		显著性(双尾)	0.000	—	0.000
		df	19	0	19
	总抚养比	相关性	0.757	0.759	1.000
		显著性(双尾)	0.000	0.000	—
		df	19	19	0

控制变量			城镇居民人均可支配收入	城镇居民人均消费支出	总抚养比
总抚养比	城镇居民人均可支配收入	相关性	1.000	0.999	—
		显著性(双尾)	—	0.000	—
		df	0	18	—
	城镇居民人均消费支出	相关性	0.999	1.000	—
		显著性(双尾)	0.000	—	—
		df	18	0	—

注:a.单元格包含零阶皮尔逊相关。

通过偏相关分析可以看出,在宏观经济决策中,如果要扩大消费支出,除了考虑消费与收入的相关关系外,还要充分考虑当前居民家庭的抚养比情况,出台激励政策,减轻家庭的抚养负担,合理增加居民的消费预期,促进消费稳定增长。

第四节　定序变量相关分析在大数据挖掘中的应用

一、提出问题

以"云走齐鲁"万人线上健步走数据为例,参赛人员学历不同,专业水平也不同,要求计算这两项指标的相关系数,并验证是否达到显著水平。由于学历水平和专业水平为顺序变量,取值大小虽然能表示某种顺序高低关系,但体现的是"质"中的关系,而非"量"中的关系。为此,相关分析的方法就需要用定序变量相关分析。

二、实现步骤

步骤 1:将数据录入 SPSS 进行前期预处理。学历指标中,设定 1 为硕士及以上,2 为本科,3 为大专,4 为高中/职专,5 为初中及以下。此处需要注意,为了与学历高低顺序统一起来,本例的专业程度指标中,设定 1 为专业资深爱好者,2 为中级爱好者,3为初级爱好者,确保两项指标的取值高低保持同向。这里与上文中卡方分布的设计顺序相反。

步骤2:在工具栏"分析(A)"中的"相关(C)"中选择"双变量(B)"选项,如图8-4-1所示。

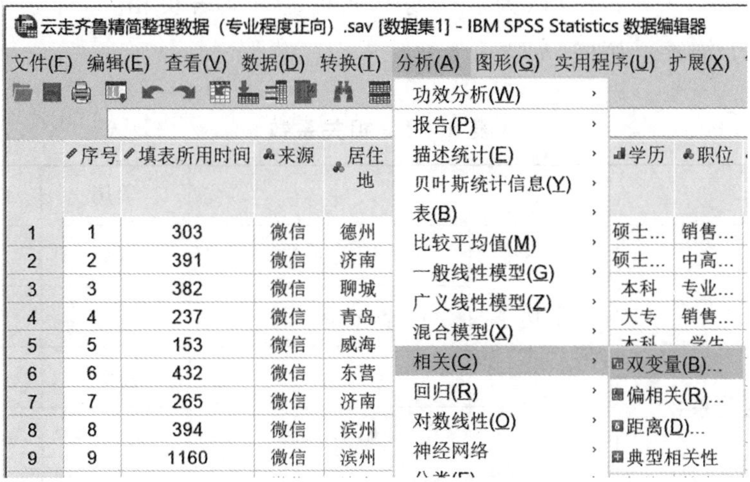

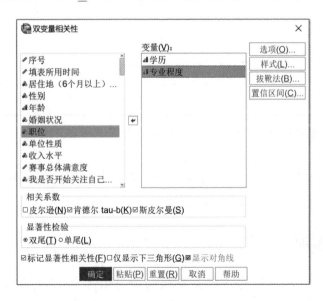

图 8-4-1　选择"双变量(B)"选项

步骤3:在弹出的"双变量相关性"对话框中,将"学历"和"专业程度"两项指标选入右侧的"变量(V)"对话框。然后选择"肯德尔 tau-b(K)"和"斯皮尔曼(S)"两种相关系数,选择"双尾(T)"检验,其他功能选择系统默认,如图8-4-2所示。

图 8-4-2　在"双变量相关性"对话框中的操作

步骤 4:单击"确定",系统自动计算并给出结果。

三、结果解读

肯德尔相关系数显示,学历与专业程度的相关系数为-0.069,双尾显著性检验的 $p=0.000<0.01$,可以认为学历与专业程度有显著负相关,即学历高的群体在专业程度方面水平较低,如表 8-4-1 所示。

表 8-4-1　相关系数

			学历	专业程度
肯德尔相关系数	学历	相关系数	1.000	-0.069^{**}
		Sig.(双尾)	—	0.000
		N	5365	5365
	专业程度	相关系数	-0.069^{**}	1.000
		Sig.(双尾)	0.000	—
		N	5365	5365
斯皮尔曼相关系数	学历	相关系数	1.000	-0.075^{**}
		Sig.(双尾)	—	0.000
		N	5365	5365
	专业程度	相关系数	-0.075^{**}	1.000
		Sig.(双尾)	0.000	—
		N	5365	5365

注:**表示在置信度(双测)为 0.01 时,相关性是显著的。

斯皮尔曼相关系数给出的方向和显著水平与肯德尔相关系数类似,只是计算方法不同导致相关系数的数值不同,读者可以自行解读。

四、注意事项

从理论上讲,此例中肯德尔相关系数的绝对值为 0.069,远小于 0.3 的标准,可以认为不相关。但前面也曾经讲过,相关系数接近于 1 的程度与数据组数 n 相关。当 n 较小时,样本相关系数的绝对值易接近于 1;当 n 较大时,相关系数的绝对值容易偏小。本例的样本量达 5365,远大于常规样本量,样本量大则相关系数低,这是因为样本量的增大造成了差异的增大,因此在大数据相关分析中,判断相关性强弱主要看显著性,而非仅仅看相关系数本身。

第五节　距离相关分析在宏观经济管理中的应用

一、提出问题

从《山东统计年鉴》中找到全国各省 2020 年的主要经济指标,包括地区生产总值、年末总人口、一般公共预算收入、社会消费品零售总额、外贸进出口总值、工业利润总额、人均可支配收入、人均消费支出。通过这些指标值,测算广东、江苏、山东、浙江、北京、上海、天津这几个经济重点省市的相似度。

二、实现步骤

步骤 1:将相关数据录入 SPSS,如图8-5-1所示。

	重点省市	地区生产总值	年末总人口	一般公共预算收入	社会消费品零售总额	外贸进出口总值	工业利润总额	人均可支配收入
1	广东	110760.9	12601.00	12922.00	40207.90	10236.30	9286.90	41029
2	江苏	102719.0	8475.00	9059.00	37086.10	6427.70	7365.30	43390
3	山东	73129.00	10153.00	6559.90	29248.00	3184.50	4282.90	32886
4	浙江	64613.30	6457.00	7248.00	26629.80	4879.30	5544.60	52397
5	北京	36102.60	2189.00	5483.90	13716.40	3350.40	1785.00	69434
6	天津	14083.70	1387.00	1923.10	3582.90	1059.30	961.30	43854
7	上海	38700.60	2487.00	7046.30	15932.50	5031.90	2810.20	72232

图 8-5-1　将相关数据录入 SPSS

步骤 2:在工具栏"分析(A)"中的"相关(C)"中选择"距离(D)"选项,如图8-5-2所示。

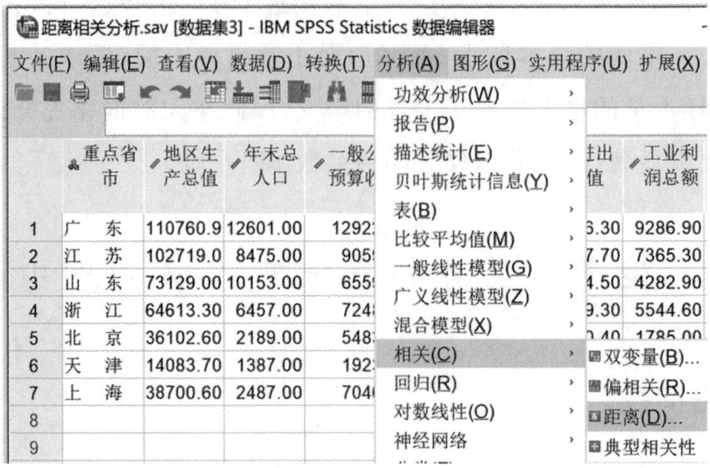

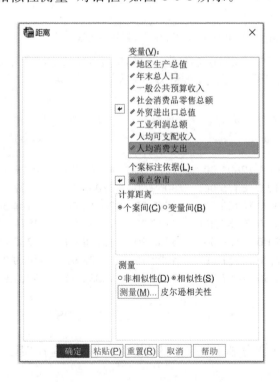

图 8-5-2　选择"距离（D）"选项

步骤 3：在弹出的"距离"对话框中，将所有的统计指标选入右侧的"变量（V）"对话框，将"重点省市"指标选入"个案标注依据（L）"对话框。计算距离选择"个案间（C）"，表示对重点省市开展计量，如果选择"变量间（B）"，则会对变量开展计量。测量标准选择"相似性（S）"，计算彼此间的相似程度。然后单击"测量（M）"按钮，进入"距离：相似性测量"对话框，如图 8-5-3 所示。

图 8-5-3　在"距离"对话框中的操作

步骤4：在"距离：相似性测量"对话框中选择"区间(N)"中的"皮尔逊相关性"测量标准。在"转换值"中选择"标准化(S)Z得分"。因为各统计指标的量纲不同，此处需要对指标进行标准化处理，如图8-5-4所示。

图8-5-4　在"距离：相似性测量"对话框中的操作

步骤5：单击"继续(C)"按钮，返回"距离"对话框，再单击"确定"，系统自动计算并给出结果。

三、结果解读

相似性矩阵结果显示，广东与江苏最相似，相似度为0.997；山东与江苏最相似，相似度为0.996；北京、天津和上海三市最相似，相似度为0.972，如表8-5-1所示。

表 8-5-1　值向量间的相关性

	1:广东	2:江苏	3:山东	4:浙江	5:北京	6:天津	7:上海
1:广东	1.000	0.997	0.992	0.890	0.511	0.316	0.514
2:江苏	0.997	1.000	0.996	0.921	0.570	0.380	0.573
3:山东	0.992	0.996	1.000	0.929	0.587	0.401	0.590
4:浙江	0.890	0.921	0.929	1.000	0.843	0.706	0.845
5:北京	0.511	0.570	0.587	0.843	1.000	0.972	1.000
6:天津	0.316	0.380	0.401	0.706	0.972	1.000	0.972
7:上海	0.514	0.573	0.590	0.845	1.000	0.972	1.000

注:这是一个相似性矩阵。

同样,我们还可以观察重点省市之间的不相似程度,基本操作相同,只是在"测量"标准中选择"非相似性(D)",其他操作与相似性分析完全相同,如图 8-5-5 所示。

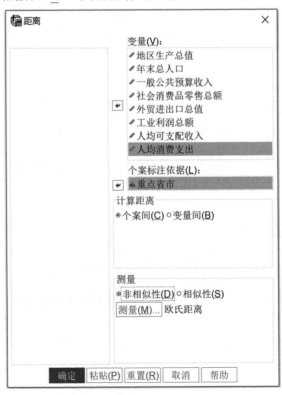

图 8-5-5　选择"测量"对话框中的"非相似性(D)"

四、结果解读

不相似性矩阵结果显示,在省与省的比较中,广东与浙江的欧几里德(Euclidean)距离最远,为1.238,说明这两个省最不相似。在市与市的比较中,天津与北京的 Euclidean 距离为0.626,与上海的 Euclidean 距离为0.630,而北京与上海的 Euclidean 距离为0.072,这说明在市与市的比较中,天津与北京、上海最不相似。具体情况读者可以根据表8-5-2进行解读。

表 8-5-2　Euclidean 距离

	1:广东	2:江苏	3:山东	4:浙江	5:北京	6:天津	7:上海
1:广东	0.000	0.207	0.336	1.238	2.618	3.093	2.608
2:江苏	0.207	0.000	0.222	1.051	2.453	2.946	2.444
3:山东	0.336	0.222	0.000	0.997	2.404	2.896	2.397
4:浙江	1.238	1.051	0.997	0.000	1.481	2.029	1.471
5:北京	2.618	2.453	2.404	1.481	0.000	0.626	0.072
6:天津	3.093	2.946	2.896	2.029	0.626	0.000	0.630
7:上海	2.608	2.444	2.397	1.471	0.072	0.630	0.000

注:这是一个不相似性矩阵。

第九章　回归预测

世间万物井井有条,冬去春来、花落花开,有一种看不见的强大力量左右着事物的运行,我们称之为自然规律。其中,最常见的自然规律是地球围绕太阳公转时以南北回归线为界,按照既定的轨迹周而复始运行,绝不会逾越分毫,这就是回归。回归作为自然界最重要的规律之一,影响了地球上各种事物的运行变化。

自然规律是宇宙中最基本的规律,它亘古不变,分毫不差,我们只能不断认识规律、总结规律、运用规律,而不能创造规律。正是因为规律亘古不变,才成就了预测的基本前置条件。只要能在繁杂的表象中挖掘出内在的运行规律,就能做到合理的趋势外推,这是开展预测的基本原理。

第一节　基本概念与原理

一、回归的定义和方法起源

在统计学中,回归分析是一种预测性的建模技术,它研究的是因变量和自变量之间的关系。

回归作为统计学专业术语,最早是由英国著名生物学家兼统计学家弗朗西斯·高尔顿(Francis Galton)在 1855 年提出的。高尔顿是达尔文的表弟,是一位百科全书式的学者,是著名的地理学家、遗传学家、指纹学家、统计学家。达尔文研究物种起源对高尔顿触动很大,于是他利用在非洲科考的机会,致力于研究父母与儿子身高的关系。

高尔顿选取了 1074 个家庭样本,经观测,发现父母平均身高为 68 英寸(注:1英寸约合 2.54 厘米),他们儿子的平均身高为 69 英寸,比父母平均身高还高 1 英寸。于是高尔顿按照均值将观测样本分为两组,其中矮个子样本父母平均身高为64英寸,高个子样本父母平均身高为72英寸。高尔顿根据大样本的观测值推断,矮个子群体儿子的平均身高应为64英寸+1英寸=65英寸,高个子群体儿子的平均身高应为72英寸+1英寸=73英寸。

但是,观察结果却与此不符:前者儿子的平均身高为67英寸,高于父母平均值3英寸;后者儿子的平均身高为71英寸,低于父母平均值1英寸。经过计量分析,高尔顿测算出儿子平均身高 y 与父母平均身高 x(单位均为英寸)的计量关系为

$$y = 33.73 + 0.516x$$

高尔顿认为,大自然具有一种约束力,使人类身高的分布相对稳定而不产生两极分化,孩子的身高有向他们父辈的平均身高回归的趋势。他将上述结果阐述在论文《遗传的身高向平均数方向的回归》中。由此,回归分析在统计学上第一次出现。

此外,统计学界有个简单的规律:自然界的事物多服从正态分布,人类社会的现象多服从幂律分布。也就是说,非人力所能及、纯自然存在的现象一般服从正态分布,凡是有人为竞争的领域一般服从幂律分布。收入是最具标志性的幂律分布指标,20世纪初意大利经济学家维尔弗雷多·帕累托(Vilfredo Pareto)第一次提出,人类80%的财富由20%的人占有。经过百余年发展,国际慈善机构发布的最新报告显示,2018年全球最富有的26位富翁所拥有的财富达到1.4万亿美元,相当于全球最贫困的38亿人的财富总和。幂律分布表示绝大多数的人和事对事件的影响小,而起决定作用的往往是少数几个关键因素,抓住"关键少数"便可以优化决策。

二、回归的主要分类

目前已经提出的回归方法有十几种之多,现实生活中最常用的有五种,即线性回归、逻辑回归、多项式回归、逐步回归和岭回归。

(1)线性回归。线性回归通常是人们学习分析预测的入门模型。线性回归的因变量是连续的,自变量可以是连续的也可以是离散的。按照涉及的自变量多少,线性回归可分为一元回归和多元回归。

(2)逻辑回归。逻辑回归是一种广义线性回归,因变量可以是二分类的,也可以是多分类的,但二分类的 Logistic 回归更为常用,结果也更加容易解释。

(3)多项式回归。因变量与自变量间呈现曲线趋势时,通过增加模型的自由

度可以提高拟合数据的能力,这类回归称为多项式回归。如果自变量只有一个,称为一元多项式回归;如果自变量有多个,称为多元多项式回归。

(4)逐步回归。在处理多个自变量时,通过观察统计量,如 R^2、t 值和 AIC 指标,识别出变量的重要性,然后通过自动添加或删除变量来拟合最优模型,这种回归称为逐步回归。

(5)岭回归。当数据之间存在多重共线性(自变量高度相关)时,就需要使用岭回归分析。岭回归通过放弃最小二乘法的无偏性,以损失部分信息、降低精度为代价,寻求效果稍差但更符合实际的回归方程。虽然岭回归的标准差偏大,但对数据的耐受度高。

三、回归的主要步骤

第一步,开展相关分析。根据自变量和因变量的历史数据,计算相关系数,判断自变量和因变量的相关程度。

第二步,在许多自变量共同影响着一个因变量的关系中,还应判断并选取影响显著的自变量,然后构建自变量对因变量的回归方程。

第三步,对回归方程进行可信度检验。一个优良的回归模型必须能经受住各种假设检验,且预测误差较小。

第四步,利用回归方程进行预测和控制,并结合具体业务需求和基本原理,对预测值进行定性判断调整,综合确定预测值。

四、回归预测的前提要求

应用回归预测时,应首先确定变量之间是否存在相关关系,此外还要满足这样几点要求:①因变量与自变量呈线性关系;②每个个体观察值之间相互独立;③随机误差项彼此不相关,服从正态分布;④如果是多元线性回归,则各自变量之间不能有共线性关系,也就是说,自变量之间不能有较高的相关性,相关系数一般不能大于 0.7。

五、回归预测的注意事项

回归预测需要注意以下方面:

(1)事先要用定性分析判断现象之间的依存关系,包括是否有因果关系、关系的方向等。

（2）避免回归预测的任意外推，因为随着时间推移，不可控因素越来越多，预测偏差会越来越大。

（3）在满足各类检验要求的前提下，还应考虑方程参数的现实意义，不能就数论数。

第二节　一元线性回归及实践应用

一、定义和公式

一元线性回归是在排除其他影响因素，或者假定其他影响因素确定的前提下，分析一个自变量对因变量的影响程度。这是一种理想状态下的回归，因为在现实生活中，任何事物都相互影响，相互纠缠，很少有一对一的情况发生。一元线性回归方程式为

$$Y = a + bX + \varepsilon$$

式中，Y 是因变量；X 是自变量；a 是常数项；b 是回归系数，表示自变量对因变量影响的程度；ε 是随机误差。

二、一元线性回归曲线

一元线性回归曲线的基本样式如图 9-2-1 所示。中间实线为回归线，两侧虚线为 95％概率置信区间，小点为观测样本，回归线就像是在串糖葫芦，"串"的观测样本越多，说明方程的优度越高。通过图例可以清晰地看出，观测样本围绕回归线上下分布，超出 95％概率置信区间的是小概率事件，而且有高的必然会有低的，个案相互抵消，不足以影响全部样本的分布。

又因为世间万物运行受各种因素交织影响，存在着必然性和偶然性，这就给预测带来了不确定性。通过回归曲线可以看出，越是在当下，95％概率置信区间越狭窄，这是因为当前的影响因素集中凸显，相对可控；而随着时间的推移，不可控因素会越来越多，95％概率置信区间就会越来越宽。所以说越是长期预测，不可控因素、周期叠加等因素就越多，预测精确度就越低，预测偏差就越大。这也进一步证实了做预测必须有前置条件，不能做无限外推。

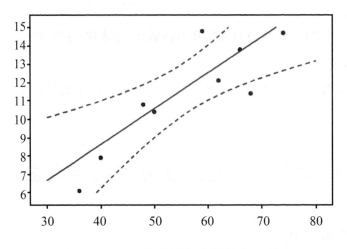

图 9-2-1　一元线性回归曲线的基本样式

三、一元线性回归的统计检验

一元线性回归模型通常要进行拟合优度检验、回归方程的显著性检验及回归系数的显著性检验。

(1)拟合优度检验。拟合优度检验是指回归曲线对观测值的拟合程度,一般用判定系数 R^2 表示,最大值为 1。R^2 越接近 1,说明回归曲线对观测值的拟合程度越好;反之,回归曲线对观测值的拟合程度越差。

(2)回归方程的显著性检验。回归方程的显著性检验是对因变量与所有自变量之间的线性关系是否显著的一种假设检验,一般采用 F 检验来实现。

(3)回归系数的显著性检验。回归系数的显著性检验是检验一个或几个回归系数组成的系数向量 **B** 对因变量是否有显著影响的方法,通常采用 t 检验来实现。

注意,在一元线性回归中,因为只有一个自变量,所以回归方程的显著性检验可以替代回归系数的显著性检验,但在多元条件下,两种检验的作用不同,解决的问题不同,缺一不可。

四、一元线性回归在宏观经济调控中的应用

(一)提出问题

仍以收入与支出数据为例。在国民经济运行中,扩消费一直是宏观调控的主

要内容,而消费支出与个人的收入有极强的关系。我们从《山东统计年鉴》中获取了 2000~2020 年全省城镇居民人均可支配收入和人均消费支出的数据,以此计算两个指标的回归方程,并开展合理预测。

(二)实现步骤

线性回归分析首先要做散点图,并计算相关系数,确保因变量与自变量保持线性关系,然后再计算回归方程。由于之前我们已经对消费和支出做过散点图,故本例省略前面的工作,直接进入回归方程计算。

步骤 1:在工具栏"分析(A)"中的"回归(R)"中选择"线性(L)"选项,如图 9-2-2所示。

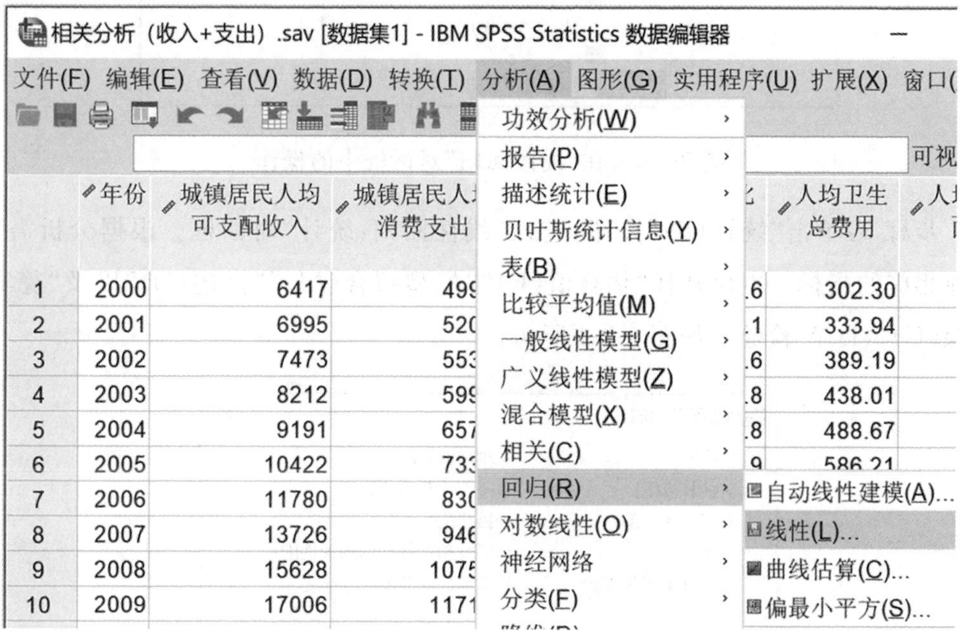

图 9-2-2 选择"线性(L)"选项

步骤 2:在弹出的"线性回归"对话框中,将"城镇居民人均消费支出"选入"因变量(D)",将"城镇居民人均可支配收入"选入"自变量(I)",如图 9-2-3 所示。

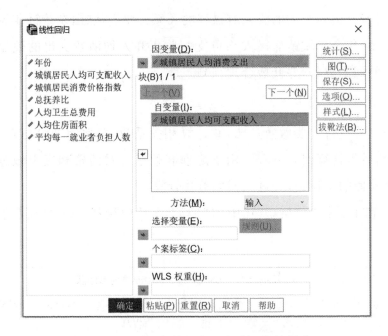

图 9-2-3　在"线性回归"对话框中的操作

步骤 3：单击"统计（S）"按钮，进入"线性回归：统计"对话框。根据分析需要选择相应的指标。本例选择"估算值（E）""模型拟合（M）""描述（D）"以及"德宾-沃森（U）"（D-W 检验），如图 9-2-4 所示。

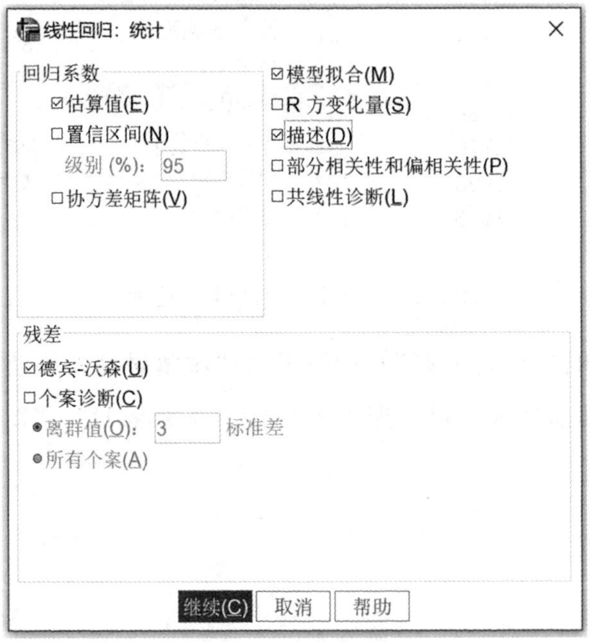

图 9-2-4　在"线性回归：统计"对话框中的操作

其中,"估算值(E)"会输出回归系数、标准误差、标准化系数 beta、t 值及显著性水平;"模型拟合(M)"会输出判定系数、调整的判定系数、回归方程的标准误差等。D-W检验统计量的取值为 0～4,如果自变量数小于 4 个,统计量大于 2,则基本上可以肯定残差间相互独立。

步骤 4:单击"继续(C)"返回"线性回归"对话框,其他功能选择系统默认,单击"确定"按钮,系统自动计算并给出结果。

(三)结果解读

描述统计量结果显示,城镇居民人均消费支出均值为 14112.52 元,标准差为 7480.99元,有效样本为 21 个,即取自 2000 年以来 21 年的有效数据,如表 9-2-1 所示。

表 9-2-1　描述统计量

指标	均值	标准差
城镇居民人均消费支出/元	14112.52	7480.99
城镇居民人均可支配收入/元	21716.62	12535.69

注:有效样本数为 21 个。

相关性检验显示,城镇居民人均消费支出与城镇居民人均可支配收入的皮尔逊相关系数为 1.000,$p = 0.000 < 0.01$,远小于常规的 0.05 检验水平,具有显著的完全正相关性,如表 9-2-2 所示。

表 9-2-2　相关性检验结果

指标		城镇居民人均消费支出	城镇居民人均可支配收入
皮尔逊相关性	城镇居民人均消费支出	1.000	1.000
	城镇居民人均可支配收入	1.000	1.000
Sig.(单尾)	城镇居民人均消费支出	—	0.000
	城镇居民人均可支配收入	0.000	—
N	城镇居民人均消费支出	21	21
	城镇居民人均可支配收入	21	21

模型拟合优度检验结果显示,方程的判定系数 $R^2 = 0.999$,接近 1,拟合优度非常高。也就是说,城镇居民人均消费支出的变化有 99.9% 的信息可以用城镇居民人均可支配收入来解释,用回归模型来预测的准确度极高。结果中既有 R^2 又有调整 R^2,一般多元线性回归中自变量超过 5 个时,看调整 R^2。

D-W 值为 0.660,绝对值与 2 有较大差距,说明残差间并没有相互独立,也就是说在影响因素中,尚有其他重要指标未引入。虽然模型拟合优度高,但单纯用城镇居民人均可支配收入来解释因变量结果失之偏颇。这种检验结果与上一章提到的偏相关系数给出的结论完全一致,如表 9-2-3 所示。

表 9-2-3 模型汇总[b]

模型	R	R^2	调整 R^2	标准估计的误差	D-W 值
1	1.000[a]	0.999	0.999	236.602	0.660

注:a.预测变量:常量,城镇居民人均可支配收入。

b.因变量:城镇居民人均消费支出。

回归方程的显著性检验结果显示,F 检验的统计量 $F = 19975.648$,显著性检验 $p = 0.000 < 0.01$,拒绝原假设,认为回归方程具有统计学意义,因变量与自变量之间确实有显著的线性回归关系,如表 9-2-4 所示。

表 9-2-4 ANOVA 表[a]

模型		平方和	df	均方	F	Sig.
1	回归	1118243253.077	1	1118243253.077	19975.648	0.000[b]
	残差	1063626.161	19	55980.324	—	
	总计	1119306879.238	20	—	—	

注:a.因变量:城镇居民人均消费支出。

b.预测变量(常量):城镇居民人均可支配收入。

回归系数的显著性检验结果显示,常数项为 1158.727,城镇居民人均可支配收入的回归系数为 0.596,回归系数的 $p = 0.000 < 0.01$,说明与 0 有显著差异,回归系数有统计学意义,如表 9-2-5 所示。

表 9-2-5 系数^a

模　型		非标准化系数		标准系数试用版	t	Sig.
		B	标准误差			
1	常量	1158.727	105.195	—	11.015	0.000
	城镇居民人均可支配收入	0.596	0.004	1.000	141.335	0.000

注:a.因变量:城镇居民人均消费支出。

从现实意义来看,常数项为1158.727,表示在极端情况下,哪怕没有收入,为了保障基本的生存,全年人均消费支出也有约1158元,平均一天3.2元,大约能买6个馒头外加一小块咸菜,具有现实意义。回归系数为0.596,也就是说收入的六成用于消费,这与当前很多人的生活状况以及储蓄消费习惯基本相符,回归系数具有现实意义。回归方程表达式为

$$Y = 1158.727 + 0.596X + \varepsilon$$

式中,Y表示城镇居民人均消费支出,X表示城镇居民人均可支配收入,ε是随机误差。

在宏观经济调控中,如果要刺激居民消费,首先应考虑如何增加居民收入,根据回归方程的常数项和回归系数合理布局。假如明年扩大消费的计划目标需要城镇居民人均消费支出达到30000元才能支撑,那么根据方程,人均可支配收入至少要达到48391.4元。通过严谨的计量关系,可以直观判断决策的可行性,避免遇事"拍脑袋"的现象发生。

第三节　多元线性回归及实践应用

一、定义和公式

任何事物的发展都会受到多方因素的共同影响。例如,在现实生活中,消费取决于收入、物价、储蓄余额、消费偏好以及消费者信心指数等多种因素,一元线性回归无法全面解释相关变量,这就需要引入多元线性回归。

在回归分析中,如果有两个或两个以上的自变量就是多元回归。事实上,由多个自变量的最优组合共同预测因变量更有效,也更符合实际。因此,多元线性回归比一元线性回归更具有现实意义。多元线性回归的方程式为

$$Y = a + b_1 X_1 + b_2 X_2 + \cdots + b_k X_k + \varepsilon$$

式中,Y 是因变量;$X_1, X_2, \cdots, X_k$ 是多个不同的自变量;a 是常数项;$b_1, b_2, \cdots, b_k$ 是不同自变量的回归系数,表示自变量对因变量影响的程度;ε 是随机误差。

二、多元线性回归的前提条件

多元线性回归的前提条件包括线性、独立性、正态性和等方差性,其中线性和独立性非常重要。

线性是指多个自变量均与因变量之间存在线性关系,且具有显著性。一般需要事前绘制散点图,考查因变量随自变量的变化情况。如果因变量 Y 与某个自变量 X 呈现曲线趋势,可尝试通过变量变换予以修正,常用的方法有对数变换、倒数变换、平方根变换等。

独立性是指各自变量间相互独立,不存在共线性问题,即自变量间的相关程度不应高于自变量与因变量的相关程度。当存在较为严重的共线性时,可以采用逐步回归、岭回归,也可以通过主成分分析降维后再进行回归分析。

残差 ε 服从正态分布。进行线性回归分析时,样本量一般为自变量的 15~20 倍,样本量过小则模型不稳定。

当线性回归模型应用于解释自变量对因变量的作用大小时,应注重从业务角度构建模型,允许存在 $p > 0.05$ 的自变量进入模型,可用输入法选择自变量;当模型应用于预测时,主要从统计学角度构建最佳模型,常用逐步回归法选择自变量。

多元线性回归与一元线性回归的基本计算方法类似,一般用最小二乘法估计模型参数,也需对模型及模型参数进行统计学检验。但相比于一元线性回归,多元线性回归要开展多重共线性检验。

三、多元线性回归在宏观经济调控中的应用

(一)提出问题

以山东省社会消费品零售总额为例,从经济学原理推断,与其有关的指标主

要包括年末总人口、CPI、收入、存款、住房等。

人口规模对消费有刺激作用,一般来说,人口基数足够大才能有效提高一个省的消费总量。CPI对消费有抑制作用,一般来说物价升高,消费会同步减少。收入对消费有刺激作用,衡量收入的指标一般有城镇居民人均可支配收入和农村居民人均可支配收入,同时人均GDP也是衡量一个省人均财富的重要指标。此外,山东省居民有储蓄的习惯,储蓄后才开始酌情扩大消费,因此年末存款余额也是一项重要的考虑指标。值得注意的是,购买住房从统计口径看并不属于社会消费品零售总额范畴,但为还房贷需要适当控制消费,所以购买房产对消费有抑制作用。又因房产主要集中在城镇,因此城镇人均住房面积也是影响消费的一个重要指标。综合上述指标,通过定性分析可以基本构建针对社会消费品零售总额的多元回归方程。

(二)实现步骤

步骤1:多元线性回归首先要考量各自变量与因变量的相关关系。采用相关分析进行检验,操作过程省略,结果如表9-3-1所示。相关结果显示,除CPI之外,各指标间均有极高的相关性,而且在0.01的水平上具有统计学意义。通过相关系数可以初步排除CPI。尽管CPI与其他指标的相关系数低,且没有通过显著性检验,但仍然检测出该指标对其他指标的相关系数为负,均有抑制作用。

表9-3-1　相关性结果

		社会消费品零售总额	CPI	城镇人均住房面积	年末总人口	存款余额	人均GDP	城镇居民人均可支配收入	农村居民人均可支配收入
社会消费品零售总额	皮尔逊相关性	1.000	−0.272	0.886**	0.822**	0.997**	0.995**	0.998**	0.998**
	显著性(双尾)	—	0.082	0.000	0.000	0.000	0.000	0.000	0.000
	个案数	43	42	43	43	43	43	43	43

续表

		社会消费品零售总额	CPI	城镇人均住房面积	年末总人口	存款余额	人均GDP	城镇居民人均可支配收入	农村居民人均可支配收入
CPI	皮尔逊相关性	−0.272	1.000	−0.289	−0.183	−0.265	−0.279	−0.274	−0.272
	显著性（双尾）	0.082	—	0.064	0.246	0.089	0.074	0.079	0.082
	个案数	42	42	42	42	42	42	42	42
城镇人均住房面积	皮尔逊相关性	0.886**	−0.289	1.000	0.920**	0.868**	0.919**	0.908**	0.887**
	显著性（双尾）	0.000	0.064	—	0.000	0.000	0.000	0.000	0.000
	个案数	43	42	43	43	43	43	43	43
年末总人口	皮尔逊相关性	0.822**	−0.183	0.920**	1.000	0.803**	0.852**	0.854**	0.840**
	显著性（双尾）	0.000	0.246	0.000	—	0.000	0.000	0.000	0.000
	个案数	43	42	43	43	43	43	43	43
存款余额	皮尔逊相关性	0.997**	−0.265	0.868**	0.803**	1.000	0.990**	0.994**	0.996**
	显著性（双尾）	0.000	0.089	0.000	0.000	—	0.000	0.000	0.000
	个案数	43	42	43	43	43	43	43	43

		社会消费品零售总额	CPI	城镇人均住房面积	年末总人口	存款余额	人均GDP	城镇居民人均可支配收入	农村居民人均可支配收入
人均GDP	皮尔逊相关性	0.995**	−0.279	0.919**	0.852**	0.990**	1.000	0.998**	0.994**
	显著性（双尾）	0.000	0.074	0.000	0.000	0.000	—	0.000	0.000
	个案数	43	42	43	43	43	43	43	43
城镇居民人均可支配收入	皮尔逊相关性	0.998**	−0.274	0.908**	0.854**	0.994**	0.998**	1.000	0.998**
	显著性（双尾）	0.000	0.079	0.000	0.000	0.000	0.000	—	0.000
	个案数	43	42	43	43	43	43	43	43
农村居民人均可支配收入	皮尔逊相关性	0.998**	−0.272	0.887**	0.840**	0.996**	0.994**	0.998**	1.000
	显著性（双尾）	0.000	0.082	0.000	0.000	0.000	0.000	0.000	—
	个案数	43	42	43	43	43	43	43	43

注：＊＊表示在 0.01 水平（双尾）上显著相关。

　　此时应当注意，各自变量间呈现出较强的相关性，存在共线性，构建模型时应当采用逐步回归的方法，或者利用经济学常识和检验结果进行多轮甄选，直到选出最优模型。本例采用后者建模。

　　步骤 2：在工具栏"分析（A）"中的"回归（R）"中选择"线性（L）"选项，如图 9-3-1 所示。

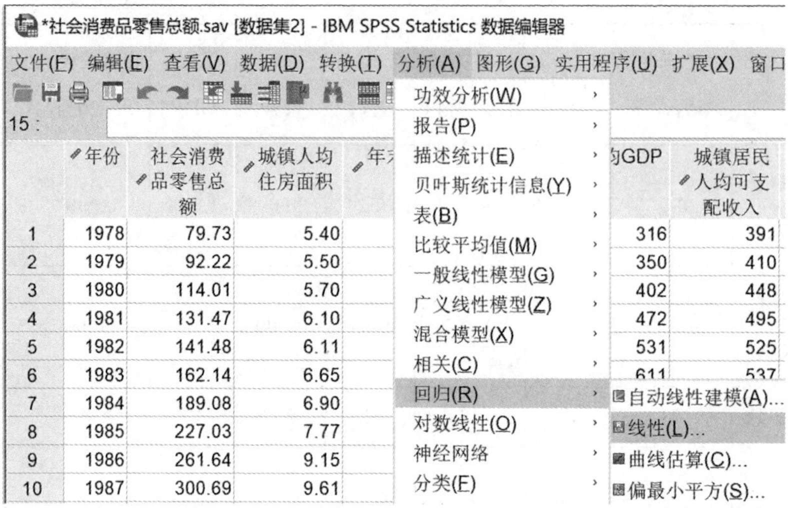

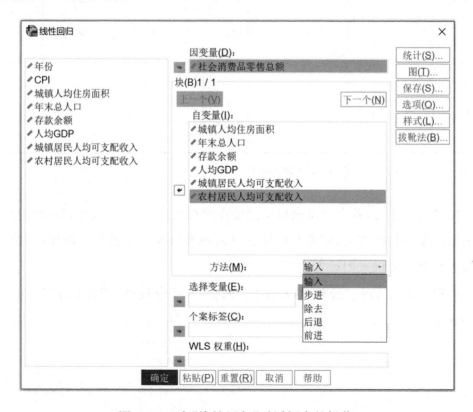

图 9-3-1　选择"线性(L)"选项

步骤 3：在弹出的"线性回归"对话框中，将"社会消费品零售总额"选入右侧的"因变量(D)"，将 CPI 之外的所有变量选入"自变量(I)"，方法选择"输入"，即所有变量都纳入方程，如图 9-3-2 所示。

图 9-3-2　在"线性回归"对话框中的操作

步骤 4：单击"统计（S）"按钮，进入"线性回归：统计"对话框，选择"估算值（E）""模型拟合（M）""描述（D）""共线性诊断（L）"，残差选择"德宾-沃森（U）"，如图 9-3-3 所示。

图 9-3-3 在"线性回归：统计"对话框中的操作

步骤 5：单击"继续（C）"返回"线性回归"对话框，其他功能选择系统默认。单击"确定"，系统自动计算并给出结果。

（三）结果解读

判定系数显示，方程的 $R^2 = 0.999$，调整 $R^2 = 0.999$，拟合优度非常高。D-W 检验值为 0.824，远小于 2，残差不独立，方程引入的自变量尚不能完全解释因变量，如表 9-3-2 所示。

表 9-3-2 模型汇总[b]

模型	R	R^2	调整 R^2	标准估计的误差	D-W 检验值
1	0.999[a]	0.999	0.999	330.10460	0.824

注：a.预测变量（常量）：农村居民人均可支配收入、年末总人口、城镇人均住房面积、人均 GDP、存款余额、城镇居民人均可支配收入。

b.因变量：社会消费品零售总额。

对回归方程进行 F 检验显示，$F=5506.636$，显著检验 $p=0.000<0.01$，方程具有统计学意义，如表 9-3-3 所示。

表 9-3-3　检验结果[a]

模型		平方和	df	均方	F	Sig.
1	回归	3600316909.905	6	600052818.317	5506.636	0.000[b]
	残差	3922885.587	36	108969.044	—	—
	总计	3604239795.492	42	—	—	—

注：a.因变量：社会消费品零售总额。

　　b.预测变量（常量）包括：农村居民人均可支配收入、年末总人口、城镇人均住房面积、人均 GDP、存款余额、城镇居民人均可支配收入。

回归系数 t 检验结果显示，城镇居民人均可支配收入和农村居民人均可支配收入的共线性统计量 VIF 远大于 100，存在严重的共线性；而且显著检验 $p>0.05$，因此这两项指标不适宜纳入方程。一般来说，当 $0<\text{VIF}<10$ 时不存在共线性，当 $10\leqslant\text{VIF}<100$ 时存在较强的共线性，当 $\text{VIF}\geqslant100$ 时存在严重共线性。此外，存款余额的 VIF 也明显大于 100，且显著检验 $p>0.05$，因此该指标也不宜纳入方程。

人均 GDP 的 VIF 虽然大于 100，但显著检验 p 值接近 0.05。年末总人口虽然满足各类检验，但回归系数为负，与现实意义不符，因为人口增加的话，社会消费品零售总额会相应增加，而不是减少。考虑到剔除的因素有可能对这两项指标产生一定影响，因此这两项指标不妨暂时保留，结果如表 9-3-4 所示。

表 9-3-4　回归系数 t 检验结果

模型	非标准化系数		标准系数 试用版	t	Sig.	共线性统计量	
	B	标准误差				容差	VIF
常量	3979.538	1592.758	—	2.499	0.017	—	—
城镇人均住房面积	−41.123	22.266	−0.054	−1.847	0.073	0.036	27.947

模型	非标准化系数		标准系数试用版	t	Sig.	共线性统计量	
	B	标准误差				容差	VIF
人均GDP	0.110	0.061	0.274	1.802	0.080	0.001	764.531
年末总人口	−0.517	0.219	−0.049	−2.357	0.024	0.069	14.433
存款余额	0.041	0.030	0.148	1.349	0.186	0.003	397.364
城镇居民人均可支配收入	0.377	0.250	0.539	1.507	0.141	0.000	4233.857
农村居民人均可支配收入	0.220	0.450	0.129	0.489	0.628	0.000	2310.744

经过初步判断,构建多元回归的思路和选用的指标方向正确,但存在共线性因素,需要剔除部分指标重新做方程。步骤完全重复上述的多元线性回归,只是在自变量指标中,仅纳入城镇人均住房面积、人均GDP、年末总人口。

对其他检验不再重复解读,此处只看回归系数的 t 检验。结果显示,自变量的共线性统计量VIF都在10左右,可以排除共线性问题。年末总人口对消费的影响此时虽然变为正向,但显著检验 $p=0.902$,大于0.05,没有统计学意义,需要进一步剔除。回归系数的 t 检验结果如表9-3-5所示。

表9-3-5　回归系数的 t 检验结果

模型	非标准化系数		标准系数试用版	t	Sig.	共线性统计量	
	B	标准误差				容差	VIF
常量	636.883	1928.223	—	0.330	0.743	—	—
城镇人均住房面积	−148.047	24.862	−0.193	−5.955	0.000	0.086	11.601
年末总人口	0.032	0.256	0.003	0.124	0.902	0.153	6.552
人均GDP	0.469	0.010	1.171	48.295	0.000	0.155	6.469

注:因变量为社会消费品零售总额。

　　剔除年末总人口指标后,再次做多元线性回归,只是在自变量指标中仅纳入城镇人均住房面积和人均 GDP 两项指标。具体操作步骤不再重复。

　　在经过以上两轮剔除后,对多元线性回归方程的各类检验如下。

　　首先,判定系数显示,方程的判定系数 $R^2=0.996$,虽然自变量剔除了 4 个,但判定系数仅仅减少了 0.003,拟合优度非常高。D-W 值为 0.450,远小于 2,说明仍有重要指标未能纳入方程。要解决这个问题,需要更加专业的经济学知识,再加上反复测试,读者可以自行尝试。模型汇总如表 9-3-6 所示。

表 9-3-6　模型汇总[b]

模型	R	R^2	调整 R^2	标准估计的误差	D-W 值
1	0.998[a]	0.996	0.996	565.00646	0.450

　　注:a.预测变量(常量):人均 GDP、城镇人均住房面积。

　　　　b.因变量:社会消费品零售总额。

　　其次,回归方程显著性检验结果显示 $F=5625.168$,显著检验 $p=0.000<0.01$,回归方程具有统计学意义。回归方程显著性检验结果如表 9-3-7 所示。

表 9-3-7　回归方程显著性检验结果[a]

模型		平方和	df	均方	F	Sig.
1	回归	3591470503.638	2	1795735251.819	5625.168	0.000[b]
	残差	12769291.854	40	319232.296	—	—
	总计	3604239795.492	42	—	—	—

　　注:a.因变量:社会消费品零售总额。

　　　　b.预测变量(常量):人均 GDP,城镇人均住房面积。

　　最后,回归系数 t 检验结果显示,指标的共线性统计量均小于 10,没有共线性影响。显著检验 p 值均为 0.000,小于 0.01,具有统计学意义。城镇人均住房面积的回归系数为 -145.999,系数为负,对消费有明显的抑制作用,具有现实意义;人均 GDP 的回归系数为 0.469,系数为正,对消费有一定的提高作用,具有现实意义;常数项为 873.896,即在极端情况下,人们为了基本生存,全省约 1 亿人口折合起来平均每人每年至少要花费约 874 元,平均每天 2.4 元,临近生存极限,具有现实意义。回归系数 t 检验结果如表 9-3-8 所示。

表 9-3-8 回归系数 t 检验结果

模型	非标准化系数		标准系数试用版	t	Sig.	共线性统计量	
	B	标准误差				容差	VIF
常量	873.896	222.964	—	3.919	0.000	—	—
城镇人均住房面积	−145.999	18.323	−0.191	−7.968	0.000	0.155	6.460
人均 GDP	0.469	0.010	1.171	48.940	0.000	0.155	6.460

注:因变量为社会消费品零售总额。

最终得到的多元线性回归方程为

$$Y = 873.896 - 145.999X_1 + 0.469X_2 + \varepsilon$$

式中,Y 表示社会消费品零售总额,X_1 表示城镇人均住房面积,X_2 表示人均 GDP。

综上,本轮的回归方程各类检验全部通过,为优秀回归模型,只是 D-W 检验指出,影响因素中仍有指标应纳未纳,需要专业人员结合具体业务,引入新的变量以进一步丰富完善方程。通过方程可以看出,房地产价格快速升高对消费具有明显的抑制作用。提高人均 GDP 可以促进消费,每增加一个单位的人均 GDP,大约会提升消费 0.469 个单位。人均 GDP 代表社会人均财富,具体来说就是要适当增加居民收入,增加居民消费预期。此外,在开篇的相关性分析中,CPI 对消费虽然没有通过显著性检验,但相关系数显示,物价对消费具有抑制作用,因此在促消费的同时,一定要合理调控物价,保持物价基本稳定,这也是稳定消费预期的重要手段。

第四节 逐步回归及实践应用

一、基本定义

逐步回归的基本思路是将自变量逐个引入，每引入一个新的自变量后，要对旧的自变量逐个检验，剔除不显著的自变量。边引入边剔除，直到既无新变量引入也无旧变量剔除为止。逐步回归的实质是逐步筛选并最终建立"最优"的多元线性回归方程。

SPSS 软件集合了以下三种最常用的逐步回归方法：

（1）前进法。利用前进法，SPSS 会由一个自变量开始，每次引入一个偏回归平方和最大且具有统计学意义的自变量，由少到多，直到不能代入为止，但此法也可能纳入部分没有现实意义的变量。

（2）后退法。利用后退法，SPSS 会先建立一个全因素的回归方程，再每次剔除一个偏回归平方和最小且无统计学意义的自变量，直到不能再剔除为止，这种方法算法较为复杂，一般不使用。

（3）步进法。步进法结合了前进法和后退法的优点，在引入一个新自变量后，要重新对已代入的自变量进行计算，检验其他自变量有无继续保留在方程中的价值，自变量的引入和剔除交替进行，直到没有新的自变量引入或剔除为止，此法较为准确。

二、逐步回归在宏观经济管理中的应用

逐步回归操作与多元线性回归相似，在我们熟知的领域，如社会消费品零售总额的多元线性回归过程中，可以结合经济学常识和统计学常识，对相关指标进行逐步剔除得到最优模型。但在有些领域，如果我们没有专业知识储备，无法合理排除其他自变量，就需要用逐步回归的方法进行自动剔除，帮助我们从茫茫变量中找到最优。但是，系统是从数据的角度出发进行筛选的，很可能将没有现实意义的指标优先推荐，因此逐步回归的结果必须加以人为甄选。为方便演示，我们仍以社会消费品零售总额为例进行介绍。

步骤 1：在工具栏"分析（A）"中的"回归（R）"中选择"线性（L）"选项，如图 9-4-1所示。

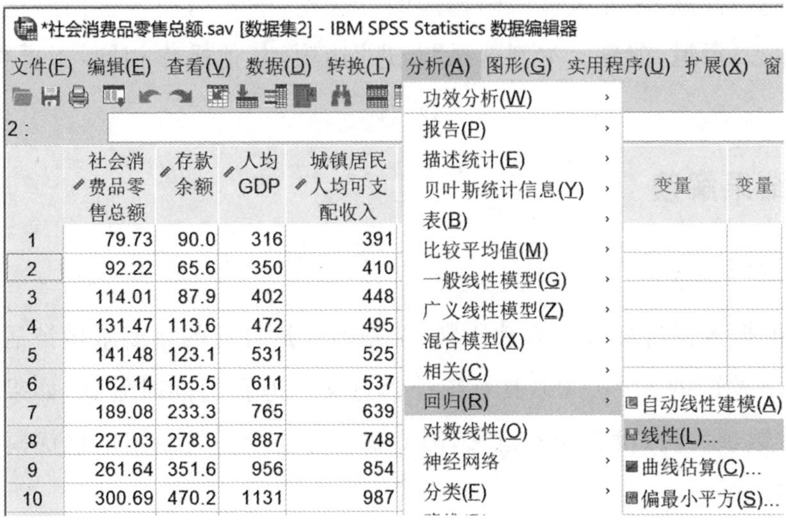

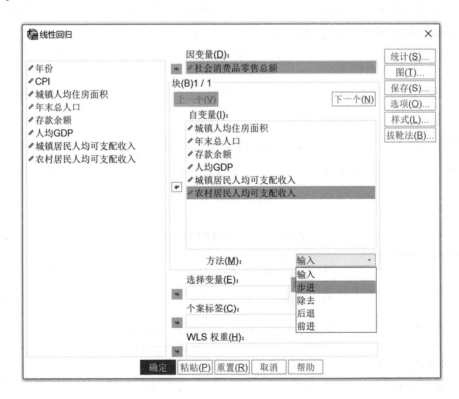

图 9-4-1　选择"线性(L)"选项

步骤 2:在弹出的"线性回归"对话框中,将"社会消费品零售总额"选入右侧的"因变量(D)",将除 CPI 之外的其他所有自变量选入"自变量(I)",如图 9-4-2 所示。

图 9-4-2　在"线性回归"对话框中的操作

此处应当注意,多元线性回归选用的方法是"输入",而逐步回归选用的方法是步进、除去、后退、前进。本例选择"步进"选项,其他操作相同,不再赘述,直接看结果。

三、结果解读

(一)第一模型

系统根据数据特征进行自动研判,首先纳入最合适的自变量城镇居民人均可支配收入,t 检验的 $p=0.000$,具有统计学意义。但我们同时看到,如果只是纳入该指标,常数项为负,没有现实意义,因此要排除这个系统给出的最优模型。

(二)第二模型

系统在城镇居民人均可支配收入的基础上继续纳入年末总人口,两项指标的共线性统计量 VIF$=3.698<10$,没有共线性影响。t 检验的 $p=0.000$,具有统计学意义。常数项为正,有现实意义;城镇居民人均可支配收入的系数为 0.763,提示接近八成用于消费,有现实意义。年末总人口指标虽然通过了假设检验,但回归系数为负,也就是说随着人口增加消费会减少,从理论上看与山东省当前的情况相违背,值得怀疑。总之,第二模型不够优秀。

(三)第三模型

在第二模型的基础上继续引入存款余额,但此时城镇居民人均可支配收入和存款余额的共线性统计量 VIF 均在 200 以上,存在明显的共线性。尽管 t 检验通过,具有统计学意义,且常数项以及城镇居民人均可支配收入、存款余额的回归系数有现实意义,但年末总人口的回归系数仍然为负。第三模型的可靠性更低,结果如表 9-4-1 所示。

表 9-4-1　三种模型的系数[a]

模型		非标准化系数		标准系数试用版	t	Sig.	共线性统计量	
		B	标准误差				容差	VIF
1	常量	−926.244	132.710	—	−6.979	0.000	—	—
	城镇居民人均可支配收入	0.698	0.008	0.998	92.266	0.000	1.000	1.000

模型		非标准化系数		标准系数试用版	t	Sig.	共线性统计量	
		B	标准误差				容差	VIF
2	常量	8323.344	1036.009	—	8.034	0.000	—	—
	城镇居民人均可支配收入	0.763	0.008	1.090	90.461	0.000	0.270	3.698
	年末总人口	−1.137	0.127	−0.108	−8.953	0.000	0.270	3.698
3	常量	5343.861	1491.138	—	3.584	0.001	—	—
	城镇居民人均可支配收入	0.581	0.070	0.831	8.347	0.000	0.003	290.265
	年末总人口	−0.732	0.195	−0.069	−3.759	0.001	0.100	9.997
	存款余额	0.063	0.024	0.228	2.623	0.012	0.005	221.284

注:因变量为社会消费品零售总额。

通过步进法回归可以看出,系统从数据的角度出发,一直没有引入我们在多元线性回归中引入的城镇人均住房面积和人均GDP两个指标。也就是说,如果仅仅是就数论数,逐步回归的第一模型最优秀,拟合情况最好,得出的预测结果最精准,但没有现实意义,用于指导宏观调控容易出现悖论。

此外,系统反复推荐年末总人口,且回归系数有统计学意义,只是方向为负,看似有悖常识,不过也给我们指出了一个思考的方向:山东省当前的人口结构是否已经明显老龄化?家庭负担比重是否超出了警戒线?以至于增加人口会抑制消费?对于系统自动发现的问题,应当引起我们的关注,而不是仅仅从直观角度加以否定。读者可以结合山东省第七次人口普查的结果进行分析研究。

综上,软件只是一种辅助工具,可以极大地节约我们的运算时间,提高计算的精确度。但是,对具体问题应具体分析,必须以业务知识为背景,不能仅仅满足于统计学意义,更要符合现实意义。

第五节 二元 Logistic 回归及实践应用

一、基本定义

线性回归模型要求因变量是连续型的正态分布变量,且自变量与因变量呈线性关系。当因变量是分类变量时,就需要引入 Logistic 回归模型。Logistic 回归属于非线性回归,它是研究因变量为二项分类或多项分类情况下与自变量关系的一种多重回归分析方法。

Logistic 回归严格来说是一个分类模型,以事件发生的概率除以没有发生的概率,然后对结果进行对数转换。这种转换往往使因变量和自变量之间呈线性关系,从根本上解决了因变量为分类变量的问题。可以根据模型预测自变量在不同取值情况下,事件发生的概率有多大。

Logistic 回归广泛应用于各学科领域,如医学、社会科学、机器学习等,主要适用于因变量是分类变量的情况。许多现实问题都与 Logistic 模型吻合,比如物种规模、生长曲线等,因此 Logistic 回归所需的样本量要足够大,一般要达到自变量个数的 5 倍以上,最好为 5~10 倍。

Logistic 回归有个非常重要的 Exp(b) 值,这是一个倍数指标,也称 OR 值。例如,在研究性别因素对"注重运动鞋品牌"指标产生的影响,并且以男性为对照项时,若 Exp(b) 值为 2,则说明女性对品牌的注重程度是男性的 2 倍。实际上,若 Exp(b) 值等于 1,表示两个自变量对因变量产生的影响力相同;若 Exp(b) 值大于 1,表示该因素是危险因素,也可以理解为比对照项的影响力更大;若 Exp(b) 值小于 1,表示该因素是保护因素,也可以理解为比对照项的影响力更小。

二、二元 Logistic 回归在消费偏好中的应用

(一)提出问题

以"云走齐鲁"万人线上健步走数据为例,根据参赛人员的性别、年龄、婚姻状况、学历、收入水平、赛事总体满意度等指标,建立运动鞋质量偏好的二元 Logistic 回归,并开展消费偏好预测。

（二）实现步骤

步骤 1：数据预处理，"云走齐鲁"万人线上健步走的原始数据将年龄、婚姻状况、学历、收入水平四项指标进行了详细分类，为方便演示，我们对其做进一步简化：将年龄指标分为 40 岁以下和 40 岁及以上；婚姻状况分为已婚和未婚；学历分为本科及以上和本科以下；收入水平分为 8000 元以下和 8000 元及以上。总之，将分类变量进一步凝聚为二分类变量，以方便解释结果。

步骤 2：在工具栏"分析（A）"中的"回归（R）"中选择"二元 Logistic"选项，如图 9-5-1 所示。

图 9-5-1　选择"二元 Logistic"选项

步骤 3：在弹出的"Logistic 回归"对话框中，将运动鞋"质量"指标选入"因变量（D）"。将性别、年龄、婚姻状况、学历、收入水平、赛事总体满意度六项指标选入"协变量（C）"对话框。方法采用"输入"法，也可以根据情况选择"向前"或"向后"，如图 9-5-2 所示。

图 9-5-2　在"Logistic 回归"对话框中的操作

步骤 4：单击右上方的"分类(G)"按钮，进入"Logistic 回归：定义分类变量"对话框。将性别、年龄、婚姻状况、学历、收入水平五项指标选入右上方的"分类协变量(T)"对话框。在最下方的"参考类别(R)"对话框中选择"第一个(F)"，即按照第二类对第一类的风险倍数给出 OR 值，如性别中，定义男性为 1，女性为 2，则结果表示女性对男性风险的倍数。然后单击指示符的"变化量(H)"，此时"分类协变量(T)"中的五项指标名称后面均增加了"[指示符(first)]"标记，表示已经完成比对设计。因赛事总体满意度指标非二分类变量，故此处不做定义，如图 9-5-3 所示。然后单击"继续(C)"按钮返回主对话框。

图 9-5-3　在"Logistic 回归:定义分类变量"对话框中的操作

步骤 5:单击"选项(O)"按钮进入"Logistic 回归:选项"对话框。选中"霍斯默-莱梅肖拟合优度(H)"和"Exp(B)95%的置信区间"。霍斯默-莱梅肖检验用于判断预测值与实际值之间的拟合情况,如果 $p>0.05$,则接受原假设,认为预测值与真实值之间并无显著差异;反之则说明模型拟合度较差,如图 9-5-4 所示。

图 9-5-4　在"Logistic 回归:选项"对话框中的操作

步骤 6:单击"继续(C)"按钮返回主对话框,其他功能选择系统默认,单击"确定"按钮,系统自动计算并给出结果。

(三)结果解读

分类变量编码显示,系统将各项指标重新编码,以收入为例,8000 元以下的群体编码为 0,其他的为 1,以此类推。同时,系统还给出了各类群体的频数,比如收入在 8000 元以下的共有 3567 个,如表 9-5-1 所示,读者可自行解读。

表 9-5-1　分类变量编码

		频数	参数编码
收入水平	8000 元以下	3567	0
	8000 元及以上	1798	1
年龄	40 岁以下	3224	0
	40 岁及以上	2141	1
婚姻状况	已婚	4442	0
	未婚	923	1
学历	本科及以上	3247	0
	本科以下	2118	1
性别	男	3108	0
	女	2257	1

模型系数的综合性检验(Omnibus 检验)显示,步骤、块、模型的 p 值均小于 0.01,模型有统计学意义,表示至少有一个引入的变量有效,如表 9-5-2 所示。

表 9-5-2　模型系数的 Omnibus 检验

		卡方	自由度	显著性
步骤 1	步骤	179.203	6	0.000
	块	179.203	6	0.000
	模型	179.203	6	0.000

霍斯默-莱梅肖检验结果显示,$p=0.554$,远大于 0.05,接受原假设,认为预测值与实际值的拟合没有显著差异,模型拟合度好,如表 9-5-3 所示。

表 9-5-3　霍斯默-莱梅肖检验结果

步骤	卡方	自由度	显著性
1	6.842	8	0.554

方程中的统计量给出了 Exp(b)值和显著性。以性别为例,显著性 $p=0.006$ <0.01,具有统计学意义,可以认为不同性别在运动鞋质量方面具有显著差异。$Exp(B)=1.189$,结合表 9-5-1 所示的结果,性别是以男性为对照项,即在运动鞋质量方面,女性的重视程度是男性的 1.189 倍,且有统计学意义。结果如表 9-5-4 所示。

表 9-5-4　方程中的统计量

指标	B	标准误差	瓦尔德	自由度	显著性	Exp(b)	EXP(b)的 95% 置信区间	
							下限	上限
性别(1)	0.173	0.063	7.622	1	0.006	1.189	1.051	1.344
年龄(1)	0.378	0.068	31.045	1	0.000	1.459	1.278	1.667
婚姻状况(1)	−0.080	0.082	0.955	1	0.329	0.923	0.785	1.084
学历(1)	−0.038	0.062	0.368	1	0.544	0.963	0.852	1.088
收入水平(1)	−0.416	0.064	42.174	1	0.000	0.660	0.582	0.748
赛事总体满意度	0.149	0.019	63.900	1	0.000	1.161	1.119	1.204
常量	−0.091	0.128	0.507	1	0.476	0.913	—	—

注:在步骤 1 输入的变量为性别、年龄、婚姻状况、学历、收入水平和赛事总体满意度。

结果显示,婚姻状况和学历两项指标的显著性没有通过假设检验,此处应当注意,因为我们开展二项 Logistic 回归时,将婚姻状况中的已婚没有子女和已婚有子女的合并,将学历合并为本科及以上和本科以下。此时的显著性检验没有通过并不代表原始细分条件下一定不显著,读者可以自行尝试。

收入水平显著性检验 $p=0.000<0.01$,具有统计学意义。$Exp(b)=0.660$,结合表 9-5-1 所示的结果,收入水平以 8000 元以下为对照项,即在运动鞋质量方面,月收入 8000 元以上群体的重视程度是 8000 元以下群体的 0.66 倍,说明该收入群体对运动鞋质量的重视程度没有月收入 8000 元以下的群体高。

进一步分析,加入品牌、款式、舒适度等指标进行重新计算,发现在外观款式方面,月收入 8000 元以上群体的重视程度是 8000 元以下群体的 1.243 倍,且具有统计学意义。这说明,月收入在 8000 元以上的群体更重视运动鞋的外观款式,而月收入在 8000 元以下的群体更重视运动鞋的质量。读者可以自行分析,不再赘述。

赛事总体满意度指标非二分类变量,没有对照项,其显著性检验显示 $p=0.000<0.01$,具有统计学意义;$Exp(b)=1.161$,表示满意度每增加一个单位,其对应的群体对运动鞋质量的关注度会增加 16.1%。

第十章 时间序列预测

在线性回归预测中,理论上要求自变量与因变量之间有很强的线性关系,而自变量之间相互独立,没有共线性影响。就好比医药配方,比例和属性必须一清二楚。但在实际生活中,各类因素相互交织,互为因果,很难将所有的影响因素都梳理得井井有条,而且量化后彼此间还没有明显的相关关系。为了解决这个问题,就需要引入时间序列进行预测。

第一节 基本概念与原理

一、时间序列的定义和局限性

不管事物在发展过程中有多少影响因素,各因素之间又是如何交织的,将定期观察记录的结果按时间顺序排列后,时间序列会呈现出明显的趋势。假设这种趋势能够保持,依据事物过去的发展态势来预测其未来就是时间序列预测。序列中每个数值都是由许许多多不同因素共同作用后的综合结果,在本质上仍是回归预测。时间序列看似是关于时间的回归,其实质仍是变量自身的发展变化规律。

时间序列曾经一度被学术界所诟病,因为这种方法没有因果关系,不看原因只看结果,根据以往的结果预测未来容易陷入宿命论。在工作和生活中,时间序列在短期预测中非常精准,但延伸到更远的未来就会出现很大的局限性,因为这种看着过去预测未来的方法,哪怕前方眼睁睁就要发生重大问题,但只要没发生就不会被纳入方程。从中长期看,不可控因素会越来越多,一味怀旧不仰望未来,就会导致预测结果逐渐偏离实际,终究会造成决策失误。

二、时间序列预测的前提和基本流程

(一)时间序列预测的前提

时间序列是根据客观事物发展的连续性规律,运用历史数据推测未来可能的结果。其假设前提包含两层含义:一是态势稳定,即事情短期内不会出现突然的跳跃式发展,而是以相对小的步伐稳步前进;二是合理推演,即过去和当前的现象能够合理延续到未来。

(二)时间序列预测的基本流程

第一步:收集历史资料,开展数据处理,编成时间序列。

第二步:分析时间序列,根据时间序列绘成趋势图,判断走势规律。

第三步:构建模型,如果序列为季节性,可以用季节分解、指数平滑等方法建模;如果序列为趋势性,可以借助曲线拟合方法构建最优模型。

第四步:利用数学模型预测,并结合实际业务进行定性判断调整,给出最优结果。

三、时间序列的基本分类

时间序列分为平稳序列和非平稳序列两大类,非平稳序列又分为趋势性时间序列和季节性时间序列。

(1)平稳序列。平稳序列是一个没有趋势的平坦序列,不存在季节性,也不存在规律性,无论时间如何变化其平均值恒定,各观察值都在某个固定水平上下随机波动。例如,流水线上的产品,其品质都在标准值上下波动。

(2)趋势性时间序列。趋势性时间序列就是在长时间内呈现出来的倾向性趋势,比如长期上升或下降,这里的长时间是相对于研究对象的时间尺度而言,有些指标是按天计算,有些指标则是按年计算,不能一概而论。很多经济指标均呈现出趋势性,如人均可支配收入等。趋势性时间序列有两种表现形式:加法模式和乘法模式。使用最广泛的是乘法模式,两种模式的基本表达式为

$$Y = 趋势 + 随机 + 季节性$$

或

$$Y = 趋势 \times 随机 \times 季节性$$

（3）季节性时间序列。季节性时间序列就是在一定时间周期（一般为一年）内出现的周期性波动，比如说旅游业的淡季和旺季。统计学上的季节性时间序列可以是一年四季，也可以是一年 12 个月或者一周 7 天等，并非历法意义上的季节。

四、常用的计算方法

根据数据特点，时间序列常用的计算方法包括简单序时平均数法、加权序时平均数法、简单移动平均法、加权移动平均法、趋势外推法、指数平滑法、季节性分解预测法、市场寿命周期预测法等。

（1）简单序时平均数法：简单序时平均数法又称算术平均法，是把若干历史时期的统计数值作为观察值，以总体的算术平均数作为下期预测值。这种方法把近期和远期数据平均化，适用于事物变化不大，走势接近平稳序列的预测。

（2）加权序时平均数法：加权序时平均数法是算术平均法的升级，是把各个时期的历史数据按近期和远期影响程度进行加权，以加权平均值作为下期预测值。

（3）简单移动平均法：简单移动平均法是一种简单平滑预测方法，是根据时间序列逐项推移，依次计算包含一定项数的算术平均数作为下期预测值。

（4）加权移动平均法：加权移动平均法是将简单移动平均法的平均数进行加权计算。在确定权重时，近期观察值应偏大，远期观察值应偏小。

（5）指数平滑法：指数平滑法是在移动平均法的基础上发展起来的一种预测法，它是通过计算指数平滑值，配合一定的时间序列进行预测。根据平滑次数的不同，指数平滑法又可分为一次指数平滑法、二次指数平滑法和三次指数平滑法等。

（6）季节性分解预测法：季节性分解预测法是先计算出预测目标的季节指数，测定季节变动规律，然后通过同一季节的平均值预测未来这个季节的预测值。

第二节　趋势性时间序列在宏观经济预测中的应用

在实际应用中，操作者要对时间序列方法体系了如指掌，再结合具体业务进行反复试验，直到找出最优模型。SPSS 软件将很多方法整合为功能模块，方便使用者随时调取，极大地提高了工作效率。因此在接下来的具体应用中，我们只从解决具体问题的角度出发调用各类方法,而不再单独就每一种方法和原理进行解读。

一、提出问题

从山东省统计局官方网站获取自 1978 年以来的人均 GDP 相关数据,通过时间序列方法建立数学模型并预测未来走势。

二、实现步骤

根据时间序列预测的基本操作流程,首先要整理资料,形成时间序列,因为统计数据已经是加工后的时间序列,所以直接绘制散点图观察走势,判断序列为趋势性还是季节性,然后根据走势选用合适的方法进行建模。对于趋势性序列,具体操作分三步走:第一步是数据可视化;第二步是曲线拟合,初选优秀模型;第三步是用至少两种优秀模型进行预测,结合定性判断,选取最优模型,并以此开展预测。

(一)第一步:数据可视化

时间序列可视化通常采用箱线图看有无异常值,采用直方图看是否服从正态分布,采用散点图看总体走势。直方图和箱线图一般采用 SPSS 描述统计中的探索分析最方便,散点图或者折线图采用 Excel 最方便。具体操作过程前文已经讲过,这里只看结果。

箱线图显示,时间序列中没有异常值,数据间离散趋势较为明显,中位数靠近最小值方向,说明随着时间推移,指标数值呈现加快增长趋势,如图 10-2-1 所示。

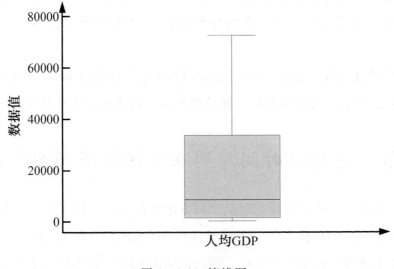

图 10-2-1 箱线图

直方图显示,时间序列并非正态分布,右侧尾巴偏长,说明随着时间推移,指标值明显加大,如图 10-2-2 所示。

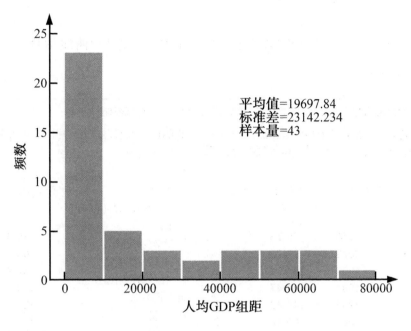

图 10-2-2　直方图

散点图显示,人均 GDP 呈现明显的趋势性,大致为二次函数模式,如图10-2-3所示。

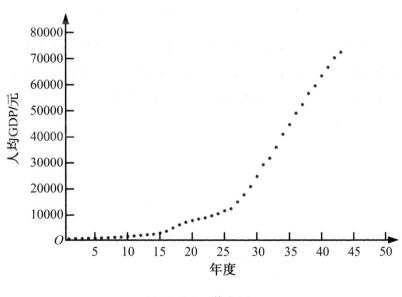

图 10-2-3　散点图

(二)第二步:曲线拟合

根据前面的图可以初步判断出时间序列符合非线性回归,与二次函数走势最接近。

步骤 1:在工具栏"分析(A)"中的"回归(R)"中选择"曲线估算(C)"选项,如图 10-2-4 所示。

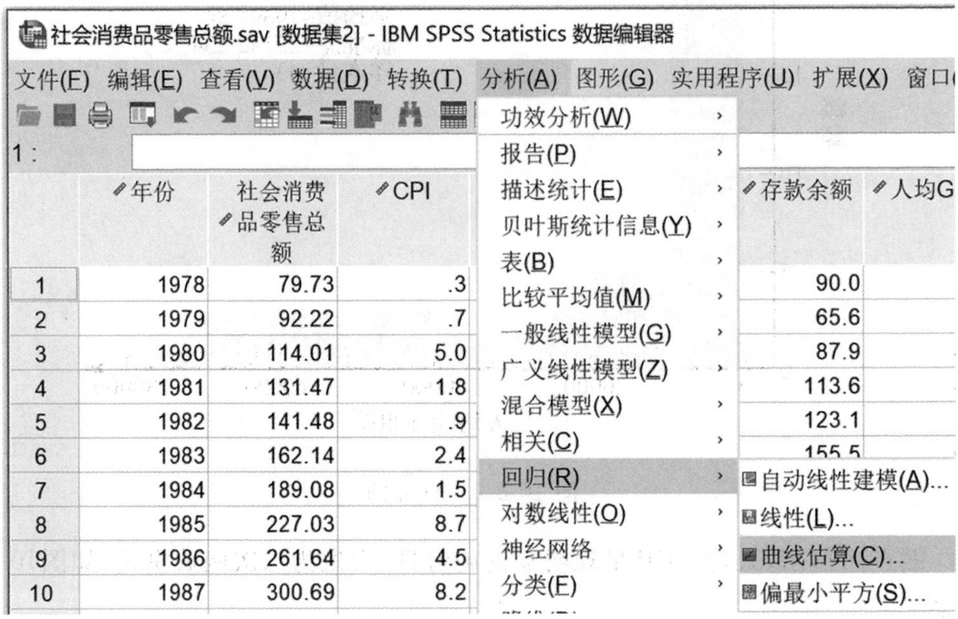

| | 社会消费品零售总额.sav [数据集2] - IBM SPSS Statistics 数据编辑器 |

文件(F) 编辑(E) 查看(V) 数据(D) 转换(T) 分析(A) 图形(G) 实用程序(U) 扩展(X) 窗口(

	✐年份	社会消费品零售总额	✐CPI			✐存款余额	人均G
				功效分析(W)	›		
				报告(P)	›		
				描述统计(E)	›		
				贝叶斯统计信息(Y)	›		
				表(B)	›		
1	1978	79.73	.3	比较平均值(M)	›	90.0	
2	1979	92.22	.7	一般线性模型(G)	›	65.6	
3	1980	114.01	5.0	广义线性模型(Z)	›	87.9	
4	1981	131.47	1.8	混合模型(X)	›	113.6	
5	1982	141.48	.9	相关(C)	›	123.1	
6	1983	162.14	2.4			155.5	
7	1984	189.08	1.5	回归(R)	›	▣自动线性建模(A)...	
8	1985	227.03	8.7	对数线性(O)	›	▣线性(L)...	
9	1986	261.64	4.5	神经网络	›	▣曲线估算(C)...	
10	1987	300.69	8.2	分类(F)	›	▣偏最小平方(S)...	

图 10-2-4　选择"曲线估算(C)"选项

步骤 2:在弹出的"曲线估算"对话框中,将"人均 GDP"指标选入右上方的"因变量(D)"对话框。"独立"对话框选择"时间(M)"。如果序列对应的是其他变量,则选择"变量(V)",并将对应变量纳入。在"模型"对话框中将常规的 11 种模型全部选中,如图 10-2-5 所示。

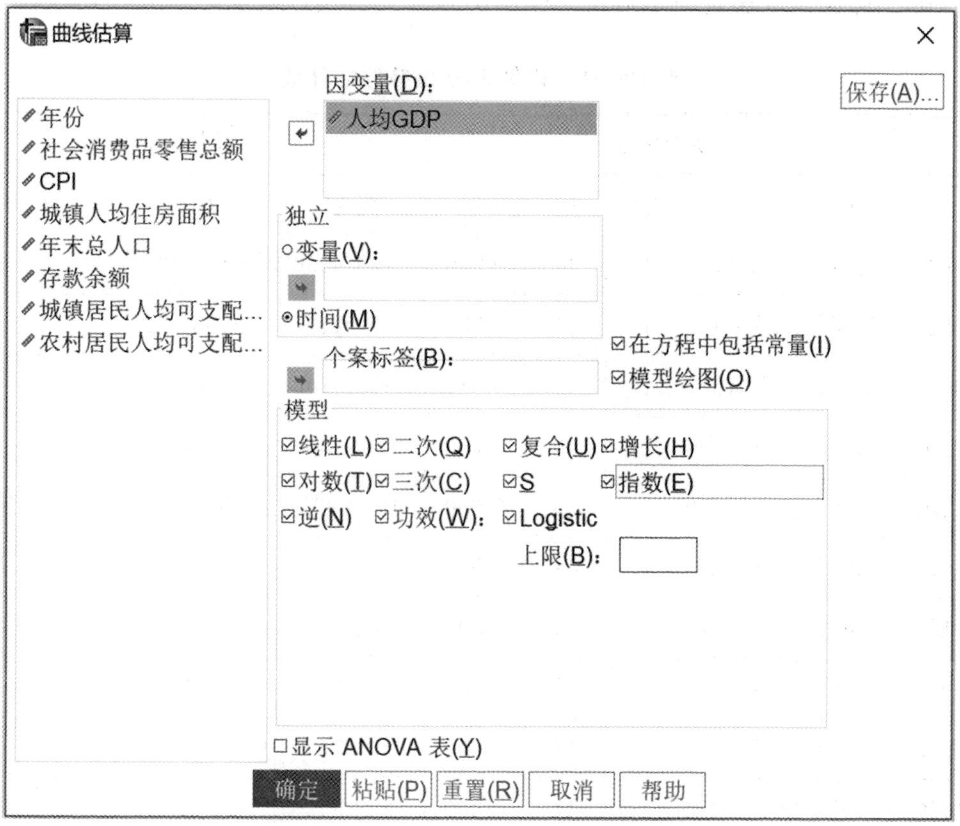

图 10-2-5 在"曲线估算"对话框中的操作

此处应当注意,在没有 SPSS 软件之前,考虑到计算量巨大且烦琐,通过散点图确定基本的模型后就可以开展操作。SPSS 软件将各类非线性回归进行了汇总,操作方便,计算迅速,因此即便我们预估模型为二次函数,在实践中还是可以把全部模式都选中,通过具体的系数来判定哪一种最优。

步骤 3:因为我们要预选出最优的模型,所以其他检验和操作都可暂时省略,尤其不能选择左下方的"显示 ANOVA 表(Y)",否则系统会给出每一种方法的方差分析表,纯属浪费。直接单击"确定"按钮,根据结果初步筛选最优模型。

模型汇总和参数估计值给出了 11 类曲线模型拟合人均 GDP 走势的优良程度,以及各类参数的检验结果,此处重点看判定系数 R^2。

判定系数显示,二次(函数)的 $R^2=0.990$,三次(函数)的 $R^2=0.993$,排名位居前两位,且这两类模型的 p 值均为 0.000,小于 0.01,具有显著统计学意义。可以初步确定这两类模型是人均 GDP 的最优方程,符合散点图的直观判断。具体

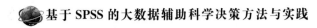

选择哪一种还需要做进一步分析。模型汇总和参数估计值如表 10-2-1 所示。

表 10-2-1　模型汇总和参数估计值

方程	模型汇总					参数估计值			
	R^2	F	df1	df2	Sig.	常数	b1	b2	b3
线性	0.818	184.111	1	41	0.000	−16971.365	1666.782	—	—
对数	0.482	38.140	1	41	0.000	−31978.375	18283.722	—	—
倒数	0.132	6.217	1	41	0.017	24762.148	−50061.020	—	—
二次	0.990	1935.216	2	40	0.000	5766.063	−1364.875	68.901	—
三次	0.993	1802.710	3	39	0.000	1910.991	−370.209	13.031	0.847
复合	0.985	2739.274	1	41	0.000	322.942	1.148	—	—
幂	0.871	276.611	1	41	0.000	35.500	1.857	—	—
S	0.389	26.055	1	41	0.000	9.476	−6.498	—	—
增长	0.985	2739.274	1	41	0.000	5.777	0.138	—	—
指数	0.985	2739.274	1	41	0.000	322.942	0.138	—	—
Logistic	0.985	2739.274	1	41	0.000	0.003	0.871	—	—

注:因变量为人均 GDP。

（三）第三步:选定预测模型并开展预测

步骤 1:重新返回"曲线估算(C)"选项,重复刚才的操作,只是模型中只选择"二次(Q)"和"三次(C)"函数,然后在左下角选中"显示 ANOVA 表(Y)",对两种模型做进一步的方差分析,如图 10-2-6 所示。

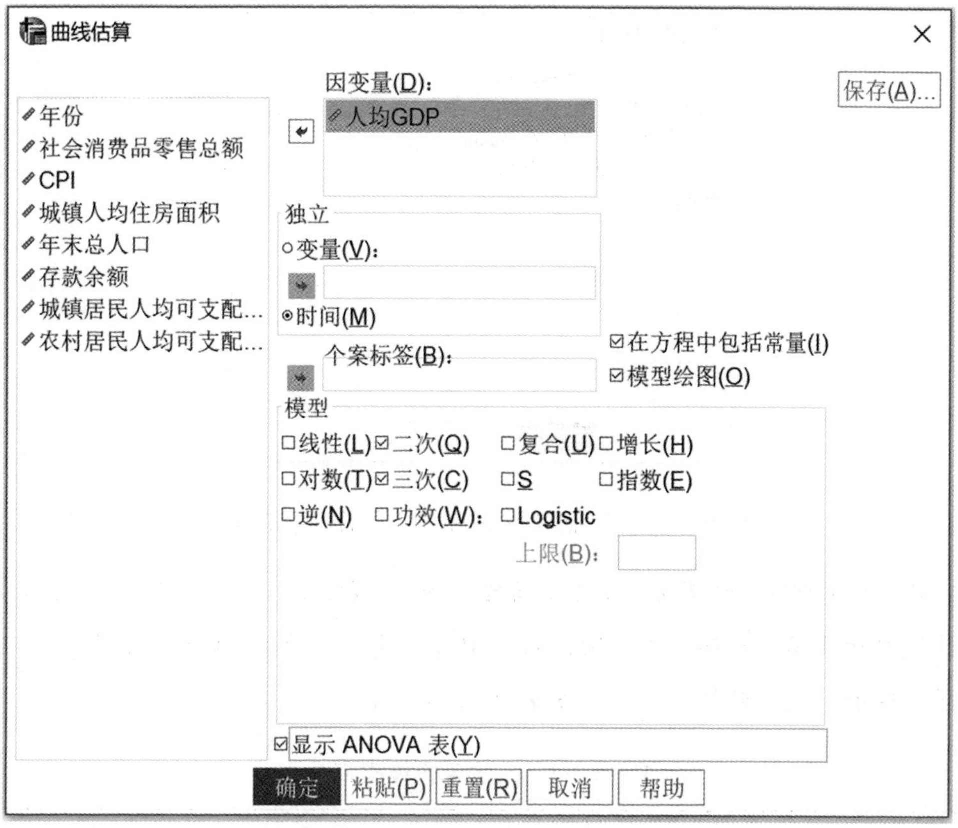

图 10-2-6　在"曲线估算"对话框中的操作

步骤 2：单击"保存（A）"按钮，进入保存对话框，在"保存变量"中选择"预测值（P）""残差（R）"。在"预测范围（T）"的观测值中输入"46"。因为本例时间序列设定 1978 年为第一年，我们要预测 2023 年的数据，正好是第 46 个年份。如果要预测 2024 年，则输入"47"，如图 10-2-7 所示。单击"继续（C）"按钮返回主对话框，然后单击"确定"按钮，系统自动计算并给出结果。

图 10-2-7　在"曲线估算:保存"对话框中的操作

模型汇总的 R^2 结果显示,二次函数的 R^2 或者调整 R^2 均略小于三次函数,估计值的标准误差却略大于三次函数。单纯从这一点看,三次函数要略优于二次函数。模型汇总结果如表 10-2-2 和表 10-2-3 所示。

表 10-2-2　二次函数模型汇总

R	R^2	调整 R^2	估计值的标准误差
0.995	0.990	0.989	2398.389

表 10-2-3　三次函数模型汇总

R	R^2	调整 R^2	估计值的标准误差
0.996	0.993	0.992	2032.114

回归方程的 F 检验显示,二次函数和三次函数的 p 值均为 0.000,小于 0.01,都具有显著统计学意义。F 值方面,二次函数要略大于三次函数,说明应用于以往的数据验证中,二次函数的残差小于三次函数,模拟的精度略高。单纯从这一点看,二次函数又略好于三次函数。ANOVA 表如表 10-2-4 和表 10-2-5 所示。

表 10-2-4 二次函数的 ANOVA 表

	平方和	df	均方	F	Sig.
回归	22263765605.991	2	11131882802.995	1935.216	0.000
残差	230090727.870	40	5752268.197	—	—
总计	22493856333.860	42	—	—	—

表 10-2-5 三次函数的 ANOVA 表

	平方和	df	均方	F	Sig.
回归	22332806339.967	3	7444268779.989	1802.710	0.000
残差	161049993.893	39	4129487.023	—	—
总计	22493856333.860	42	—	—	—

回归系数的 t 检验显示,二次函数所有系数的 p 值均小于 0.01,具有统计学意义。在三次函数所有系数的 p 值中,仅三次方具有统计学意义,其他均未通过假设检验。单纯从这一点看,二次函数好于三次函数。二次和三次函数的系数如表 10-2-6 和表10-2-7所示。

表 10-2-6 二次函数的系数

	未标准化系数		标准化系数	t	Sig.
	B	标准误差	Beta	—	—
个案顺序	−1364.875	120.587	−0.741	−11.319	0.000
个案序列**2	68.901	2.657	1.696	25.927	0.000
常数	5766.063	1150.342	—	5.012	0.000

表 10-2-7　三次函数的系数

	未标准化系数		标准化系数	t	Sig.
	B	标准误差	Beta	—	—
个案顺序	−370.209	263.846	−0.201	−1.403	0.168
个案序列**2	13.031	13.848	0.321	0.941	0.353
个案序列**3	0.847	0.207	0.864	4.089	0.000
常数	1910.991	1356.052	—	1.409	0.167

人均 GDP 实际走势与函数模拟走势对比可以看出，近期趋势的二次函数曲线与实际情况较为接近，而三次函数曲线明显高挑，拟合的效果明显偏高，如图 10-2-8 所示。

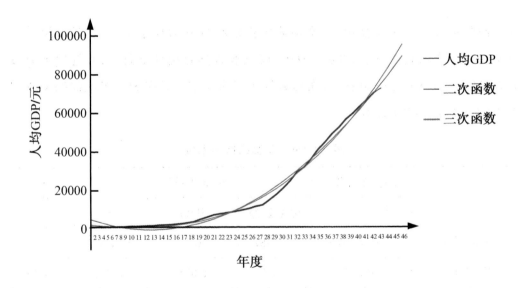

图 10-2-8　人均 GDP 实际走势与函数模拟走势

综合以上各种结果，可以认为二次函数要略优于三次函数，模型表达式为

$$Y = 5766.063 - 1364.875X + 68.901X^2$$

以此模型预测，2023 年山东省人均 GDP 将达到 88777 元。

第三节　季节性时间序列在宏观经济预测中的应用

一、提出问题

从山东省统计局官网获取 2002 年至 2021 年各季度 GDP 总量数据（2002 年以前的数据无从获取），以此构建时间序列模型，预测 2022 年山东省各季度的 GDP 总量。

二、实现步骤

季节分解预测较为复杂，具体操作一般分五步走：第一步是数据可视化，第二步是季节分解，第三步是构建模型的季节指数，第四步是构建长期趋势预测模型，第五步是根据模型开展预测。

（一）第一步：数据可视化

做箱线图看有无异常值，做散点图或折线图看总体走势。具体操作过程前文已经讲过，这里只看结果。

箱线图结果显示时间序列中存在异常值，标记为序列中第 80 个数据，如图 10-3-1 所示。

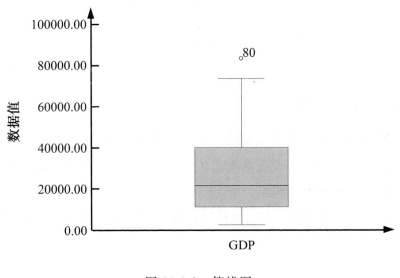

图 10-3-1　箱线图

首先查找原始数据进行核实,第 80 个数据对应的是 2021 年第四季度的 GDP,结果无误。再结合具体情况进行定性分析,自 2017 年以来,山东省各季度 GDP 一阶差分一般在 2 万亿元左右,其中第四季度与第三季度的差分相对偏小,大致在 1 万亿元左右。而 2021 年第四季度 GDP 与第三季度的差分达到 2.27 万亿元,远远超出常规,因此系统才会认为这是异常值。

第四季度偏高的主要原因是山东省按照国家要求,出台了一系列刺激政策,经济发展逆势增长,2021 年 GDP 增长 8.3%,高于全国平均水平 0.2 个百分点。据此也可以判断 2021 年第四季度数据并非异常值,可以纳入模型。

各季度总量折线图显示,时间序列呈现长期趋势,且有明显的季节性波动,随着趋势增加而增加。因此这类数据不适宜用曲线拟合,需要采用季节性分解法进行建模,如图 10-3-2 所示。

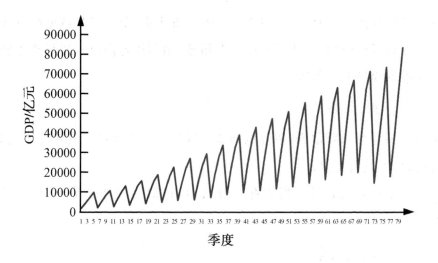

图 10-3-2　2002～2021 年各季度 GDP

(二)第二步:季节分解

对于季节分解,首先要定义变量所对应的季节周期,告诉系统时间序列的季节如何划分及起始时间等,否则系统无从辨认。然后再运用乘法或者加法对序列进行季节性分解,构建预测模型。

步骤 1:定义季节周期。在工具栏"数据(D)"中选取"定义日期和时间(E)"选项,如图 10-3-3 所示。

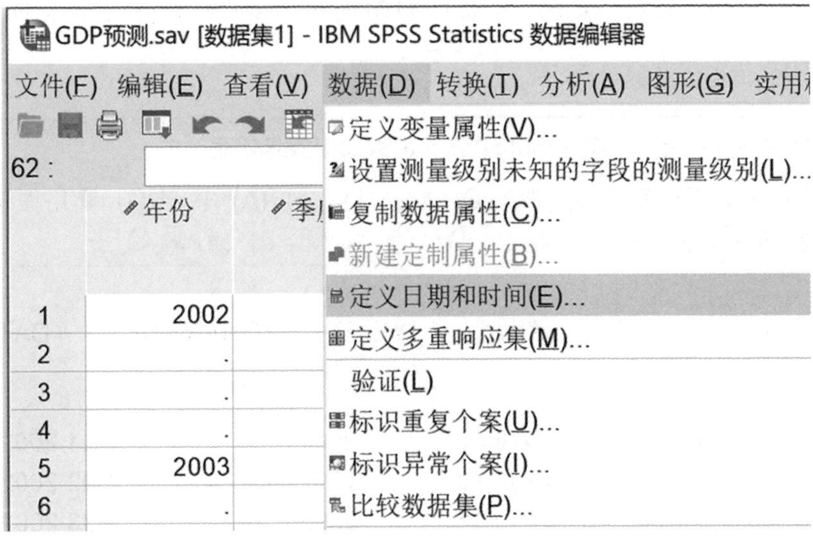

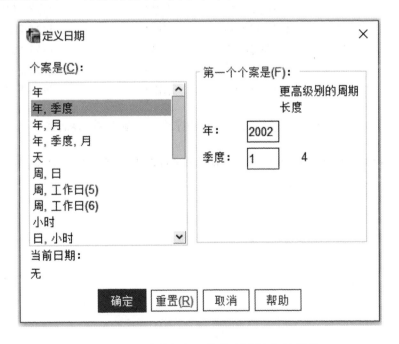

图 10-3-3　选取"定义日期和时间(E)"选项

步骤 2：在弹出的"定义日期"对话框中，根据指标的实际周期，从左侧的"个案是(C)"中选中"年,季度"；如果指标是月度数据，则选中"年,月"。然后在右侧的"第一个个案是(F)"中，根据时间序列的真实情况，填入"2002""1"。如果起始点为三季度则填入"3"，此处要实事求是，如图 10-3-4 所示。

图 10-3-4　在"定义日期"对话框中的操作

步骤 3:单击“确定”按钮,系统自动给时间序列赋予新的季节标记,如图 10-3-5所示。

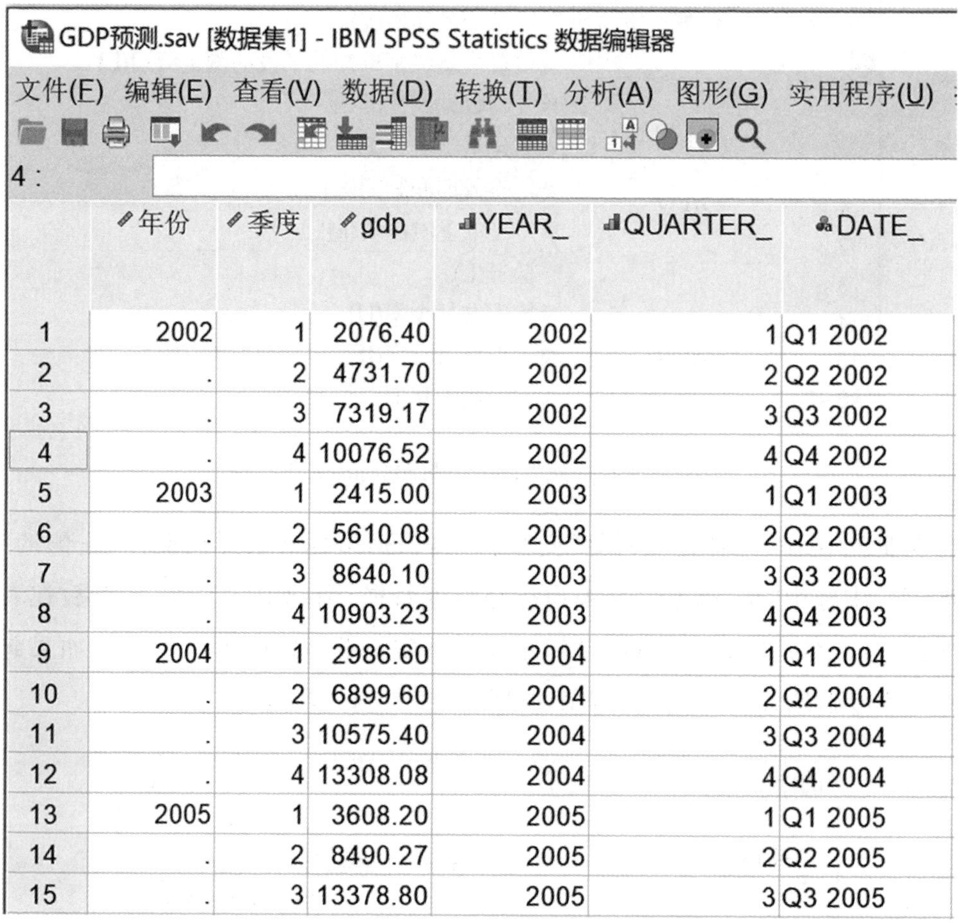

	年份	季度	gdp	YEAR_	QUARTER_	DATE_
1	2002	1	2076.40	2002	1	Q1 2002
2	.	2	4731.70	2002	2	Q2 2002
3	.	3	7319.17	2002	3	Q3 2002
4	.	4	10076.52	2002	4	Q4 2002
5	2003	1	2415.00	2003	1	Q1 2003
6	.	2	5610.08	2003	2	Q2 2003
7	.	3	8640.10	2003	3	Q3 2003
8	.	4	10903.23	2003	4	Q4 2003
9	2004	1	2986.60	2004	1	Q1 2004
10	.	2	6899.60	2004	2	Q2 2004
11	.	3	10575.40	2004	3	Q3 2004
12	.	4	13308.08	2004	4	Q4 2004
13	2005	1	3608.20	2005	1	Q1 2005
14	.	2	8490.27	2005	2	Q2 2005
15	.	3	13378.80	2005	3	Q3 2005

图 10-3-5　系统自动给时间序列赋予新的季节标记

步骤 4:在工具栏“分析(A)”中的“时间序列预测(T)”中选择“季节性分解(S)”选项,如图 10-3-6 所示。

图 10-3-6 选择"季节性分解(S)"选项

步骤 5:在弹出的"季节性分解"对话框中,将左侧的 GDP 指标选入右上方的"变量(V)"对话框。由于折线图显示 GDP 走势的季节波动性增强,因此在模型类型中选择"乘性(M)"。此处选择乘法还是加法要根据指标的具体走势,但乘法居多。在移动平均值权重选择"端点按 0.5 加权(W)"。此处应当注意,"所有点相等(E)"适用于周期为奇数的序列,"端点按 0.5 加权(W)"则适用于周期为偶数的序列。然后选择左下角"显示个案列表(D)",单击"确定"按钮,系统自动计算并给出结果,如图 10-3-7 所示。

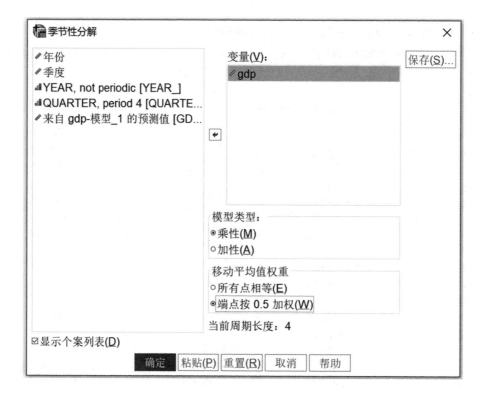

图 10-3-7　在"季节性分解"对话框中的操作

系统给出的季节分解后的多列数据如表 10-3-1 所示。

表 10-3-1　系统给出的季节分解后的多列数据

DATE_	原始序列	移动平均数序列	原始序列与移动平均数序列的比率/%	季节性因素/%	季节性调整序列	平滑的趋势循环序列	周期变动 C
Q1 2002	2076.400	—	—	38.4	5402.741	5409.806	0.999
Q2 2002	4731.700	—	—	84.7	5583.611	5592.596	0.998
Q3 2002	7319.170	6093.273	120.1	126.4	5791.437	5958.177	0.972
Q4 2002	10076.52	6245.395	161.3	150.4	6697.773	6271.942	1.068
Q1 2003	2415.000	6520.309	37.0	38.4	6283.769	6457.246	0.973
Q2 2003	5610.080	6788.764	82.6	84.7	6620.137	6671.811	0.992
Q3 2003	8640.100	6963.553	124.1	126.4	6836.649	6922.179	0.988

续表

DATE_	原始序列	移动平均数序列	原始序列与移动平均数序列的比率/%	季节性因素/%	季节性调整序列	平滑的趋势循环序列	周期变动 C
Q4 2003	10903.230	7196.193	151.5	150.4	7247.280	7302.135	0.992
Q1 2004	2986.600	7599.295	39.3	38.4	7771.058	7699.559	1.009
...	...	...	...	...	...	...	...

对新生成的季节性因素做折线图,可见经过季节分解之后,季节性因素表现出规则的周期,如图 10-3-8 所示。

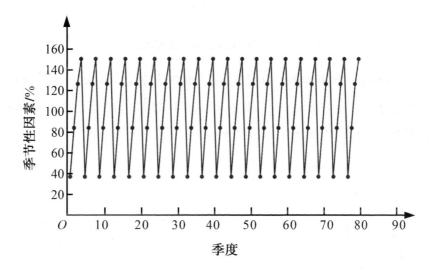

图 10-3-8　对新生成的季节性因素所做的折线图

对周期变动做散点图,可见近期呈现扩散趋势,说明指标近期实际数据的波动性要大于常规时期,如图 10-3-9 所示。

基于 SPSS 的大数据辅助科学决策方法与实践

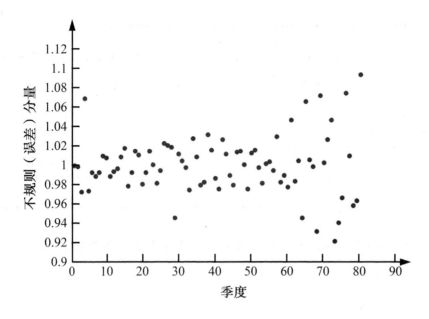

图 10-3-9   对周期变动所做的散点图

对季节调整序列做折线图,可见在剔除季节因素之后,指标呈现出相对平滑的趋势,但近期有明显的波动,说明指标近期实际数据的波动要高于常规时期,即疫情对经济的影响明显,如图 10-3-10 所示。

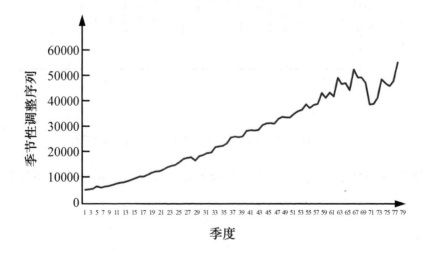

图 10-3-10   对季节调整序列所做的折线图

平滑之后的趋势循环序列效果明显优化,但近期明显回落,这也证实了疫情对经济的巨大影响,如图 10-3-11 所示。

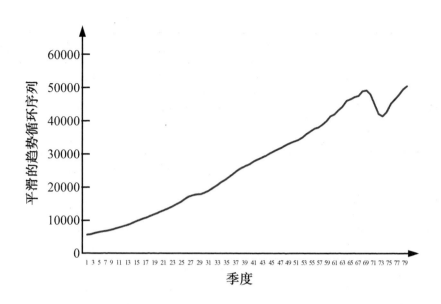

图 10-3-11　平滑的趋势循环序列

综上所述,季节分解的结果满足要求,可以进行下一步的数学建模。

(三)第三步:构建模型的季节指数

将"原始序列与移动平均数序列的比率"重新排列,得到新的季节指数表,如表 10-3-2 所示。

表 10-3-2　季节指数表　　　　单位:%

年份	一季度	二季度	三季度	四季度	合计
2002	—	—	120.1	161.3	—
2003	37.0	82.6	124.1	151.5	—
2004	39.3	84.7	124.1	151.3	—
2005	38.6	84.7	128.1	148.3	—
2006	38.4	85.4	127.2	148.7	—
2007	38.4	85.3	125.8	149.3	—
2008	38.6	86.3	127.4	152.1	—
2009	35.7	84.3	125.7	150.8	—
2010	37.4	86.4	126.7	148.3	—

年份	一季度	二季度	三季度	四季度	合计
2011	37.9	87.1	127.6	148.6	—
2012	37.4	86.6	127.3	149.0	—
2013	37.6	85.3	127.3	150.3	—
2014	37.3	85.1	127.7	150.0	—
2015	37.6	84.1	126.4	150.8	—
2016	40.0	83.2	125.7	149.3	—
2017	41.1	83.7	128.6	144.8	—
2018	42.3	86.7	128.6	142.4	—
2019	42.6	86.6	129.3	153.1	—
2020	33.9	76.7	119.4	163.1	—
2021	38.7	79.6	—	—	—
同季合计	729.8	1604.4	2397.1	2863	—
同季平均	38.41052632	84.44210526	126.1631579	150.6842105	399.7
季节指数	38.43935583	84.50548438	126.2578513	150.7973085	—

按照新的排列,分别计算出近 20 年来,四个季度的同季度平均指数,并将其汇总,倒数第二行最右侧的结果为 399.7。此处应当注意,每个季度的指数设定为 100,四个季度共计 400,因结果不等于 400,所以要进行修正,修正系数为 400/399.7＝1.000750563。以此计算各季度的季节指数,公式为

$$季节指数＝修正系数 \times 同季平均$$

表格最后一行的计算结果显示:一季度季节指数为 38.43935583,二季度季节指数为 84.50548438,三季度季节指数为 126.2578513,四季度季节指数为 150.7973085。

(四)第四步:构建长期趋势预测模型

因为平滑的趋势循环序列比单纯的季节性调整序列更平滑,因此以平滑的趋

势循环序列建模,具体过程参照曲线拟合。最终选取线性模型为最优模型,结果如下。

模型汇总结果显示,线性方程的判定系数 $R^2=0.981$,调整 $R^2=0.980$,拟合优度非常高,是优秀的预测模型,如表 10-3-3 所示。

表 10-3-3　模型汇总

R	R^2	调整 R^2	估计值的标准误差
0.99	0.981	0.980	2030.116

回归方程显著性检验结果显示,$F=2427.564$,$p=0.000<0.01$,方程具有统计学意义,如表 10-3-4 所示。

表 10-3-4　回归方程显著性检验结果

	平方和	df	均方	F	Sig.
回归	16348693619.534	1	16348693619.534	2427.564	0.000
残差	525299494.764	78	6734608.907	—	—
总计	16873993114.298	79	—	—	—

回归系数假设检验结果显示,回归系数的 $p=0.000<0.01$,具有统计学意义,如表 10-3-5 所示。

表 10-3-5　回归系数假设检验结果

	未标准化系数		标准化系数	t	Sig.
	B	标准误差	Beta		
个案顺序	619.058	12.565	0.984	49.270	0.000
常数	1710.905	585.768	—	2.921	0.005

回归方程为

$$T=1710.905+619.058t$$

因为本例要预测 2022 年全年四个季度的总量,按照时间序列设置规则,t 分别取值 81、82、83、84，计算 2022 年四个季度的长期趋势预测值，其中一季度为 51854.57516，上半年为 52473.63282，前三季度为 53092.69048，全年为 53711.74814。

（五）第五步：季节分解法预测

季节分解的预测模型分为乘法和加法，本例因为指标值随着时间推移加速扩张，所以选择乘法，公式为

$$Y = T \cdot S \cdot C$$

式中，Y 表示预测值，T 表示长期趋势，S 表示季节指数。此处应当注意，相关列表中 S 实际上为百分比，因此下述表格中，每个数值要除以 100。C 表示周期变动因素，根据表 10-3-1 定性推断，四个季度分别约为 0.99、0.99、0.98 和 1.05。预测结果如表 10-3-6 所示。

表 10-3-6　预测结果

年度	季度	T	S	C	GDP 预测值/亿元
2022	1	51854.57516	0.384393558	0.99	19733.2
	2	52473.63282	0.845054844	0.99	43899.7
	3	53092.69048	1.262578513	0.98	65693.0
	4	53711.74814	1.507973085	1.05	85045.7

上述操作是时间序列季节分解的基本操作流程。但从定性分析看，近年来山东省 GDP 总量大约每两年上一个万亿级台阶，2021 年已经达到 8.3 万亿元的水平，因此 2022 年全年的总量应该会超过 8.5 万亿元，但不会超过 9 万亿元。可见操作方法虽然合乎要求，但与实际走势仍有一定分歧，这主要是因为受疫情影响，经济增速明显减缓。图 10-3-11 显示，平滑曲线在近期有一个明显的跌落，而季节分解法重点依靠平滑预测，所以模型会将这种趋势纳入，导致结果偏低。因此对于定量预测结果，一定要结合定性分析进行修正。

第四节　ARIMA 模型在时间序列预测中的应用

鉴于季节分解传统方法操作复杂且预测精度低，因此需要引入新的解决方

法。SPSS 软件已经将相关功能进行集成,使用起来更加便捷。下面同样以 2002～2021年山东省每季度 GDP 总量为例,通过 SPSS 软件构建时间序列模型,预测 2022 年每季度的 GDP 总量。

一、数据预处理

这一步的操作跟上一节完全相同,主要是通过各季度 GDP 的折线图观察长期趋势和季节性波动,然后定义季节周期,具体操作不再赘述。

二、创建传统模型

步骤 1:在工具栏"分析(A)"中的"时间序列预测(T)"中选择"创建传统模型(C)"选项,如图 10-4-1 所示。

图 10-4-1　选择"创建传统模型(C)"选项

步骤 2:在弹出的"时间序列建模器"对话框中,将左侧的"GDP"选入右侧的"因变量(D)"中,下方的"方法(M)"中选择"专家建模器",如图 10-4-2 所示。

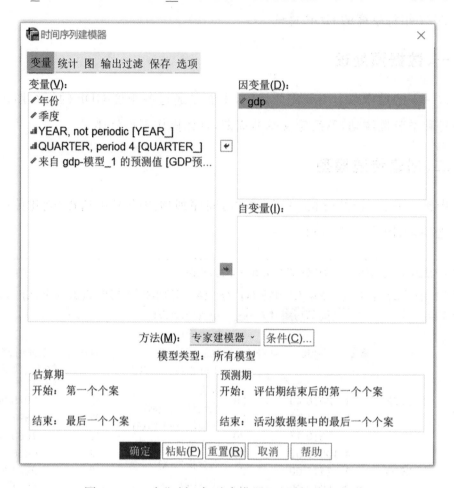

图 10-4-2　在"时间序列建模器"对话框中的操作

步骤 3:单击上方的"统计"按钮,在对话框中选择拟合测量中的"平稳 R 方(Y)",这是因为指标的季节性明显,线性回归的 R^2 无法正确反映模型的拟合优度,需要用剔除季节因素后平稳的 R^2。在左下方选择"显示预测值(S)",系统自动显示预测的结果,如图 10-4-3 所示。

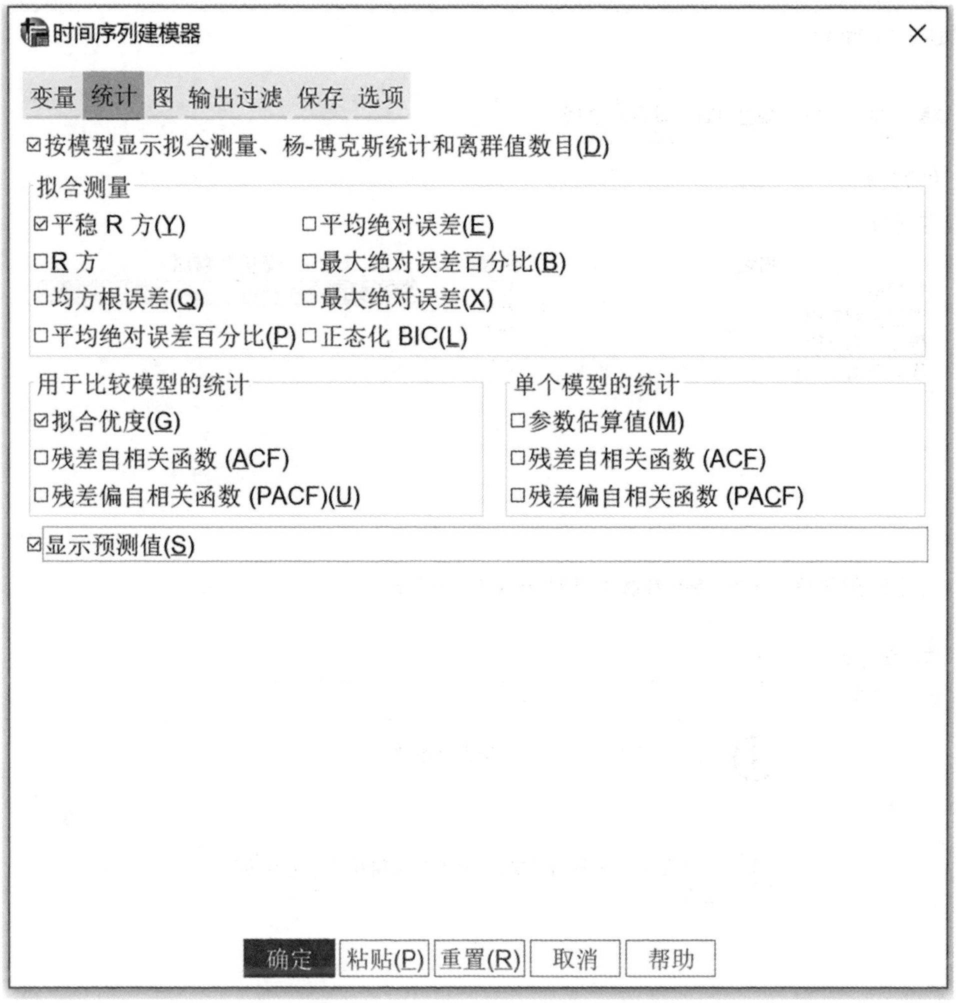

图 10-4-3 在对话框中选择拟合测量中的"平稳 R 方(Y)"

步骤 4：单击上方的"保存"按钮，进入保存对话框，在"变量(V)"预测值中设定新生成变量名为"GDP 预测"，如图 10-4-4 所示。

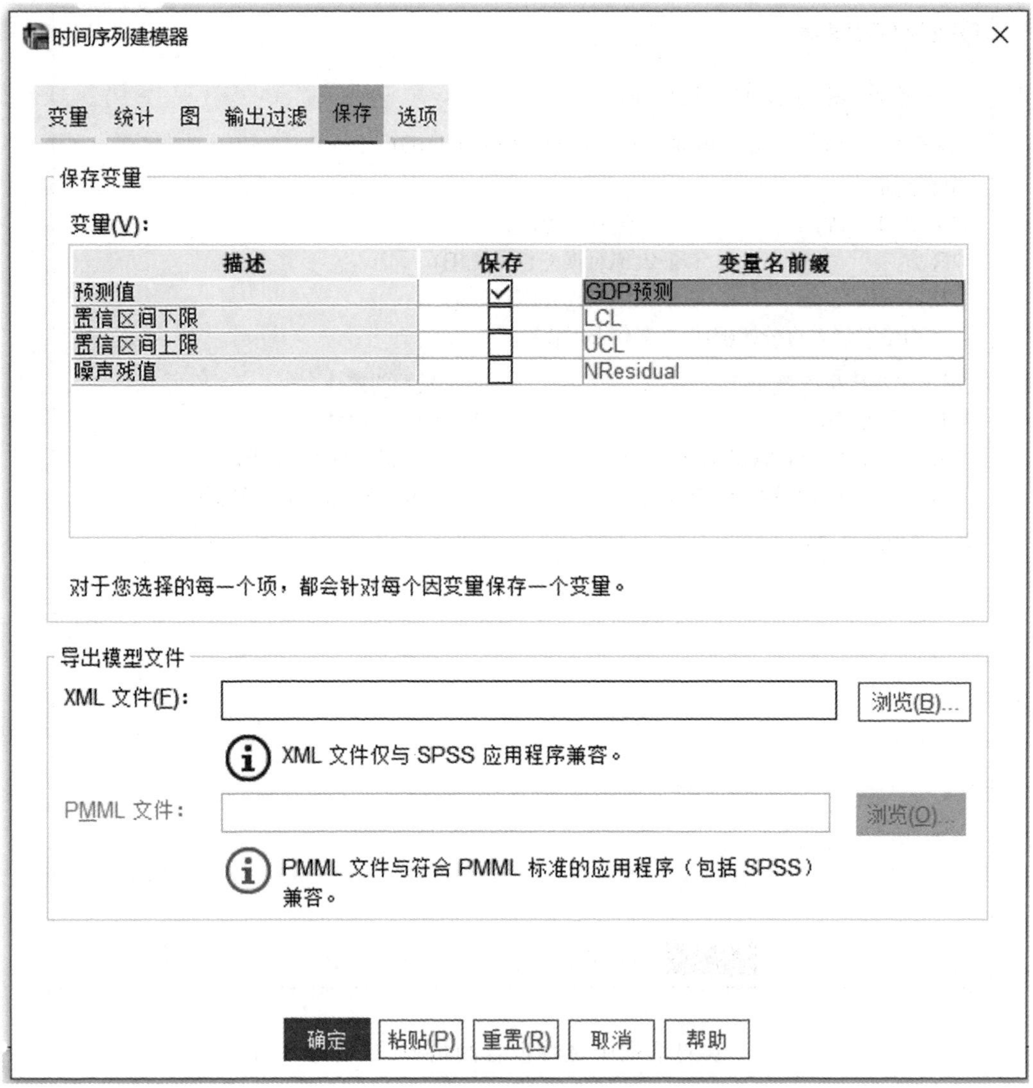

图 10-4-4　在"变量(V)"预测值中设定新生成变量名为"GDP 预测"

步骤 5：单击上方的"选项"按钮，选中"预测期"中的"评估期结束后的第一个个案到指定日期之间的个案(C)"，并在"日期(D)"中输入"2022"和"4"，表示要输出到 2022 年第四季度的预测值，如图 10-4-5 所示。

图 10-4-5 确定指定日期

步骤 6：单击"确定"按钮，系统自动建模，并对指标进行预测。

三、结果解读

系统根据数据特征，自动选择 ARIMA 模型，如表 10-4-1 所示。

表 10-4-1　模型描述

模型指标			模型类型
模型 ID	gdp	模型_1	ARIMA(1,0,0)(0,1,0)

ARIMA 模型全称为"差分自回归移动平均模型",是 20 世纪 70 年代提出的一种时间序列预测方法。该模型要求时间序列为平稳序列,但我们之前的分析发现,GDP 序列是非平稳序列,存在一定的增长趋势,可以预估该模型的预测效果应该会与实际情况存在一定的差异。

此时应当注意,我们眼中的趋势性与计算规则下的趋势性并非同一个概念,规则具有一定的包容性,有些看似有趋势性,但检验结果未必显著。

拟合统计量显示 $R^2 = 0.994$,平稳的 $R^2 = 0.566$,总体拟合效果不错,如表 10-4-2所示。

表 10-4-2　拟合统计量

拟合统计量	均值	最小值	最大值
平稳的 R^2	0.566	0.566	0.566
R^2	0.994	0.994	0.994
RMSE	1570.328	1570.328	1570.328
MAPE	3.153	3.153	3.153
MaxAPE	46.298	46.298	46.298
MAE	752.287	752.287	752.287
MaxAE	8909.651	8909.651	8909.651
正态化的 BIC	14.832	14.832	14.832

从预测值与实际观测值走势图还可以看出,最右侧黑线分割后的预测线与前面的实际走势线没有违和感。通过模型预测的数据与实际走势基本吻合,预测效果较好,如图 10-4-6 所示。

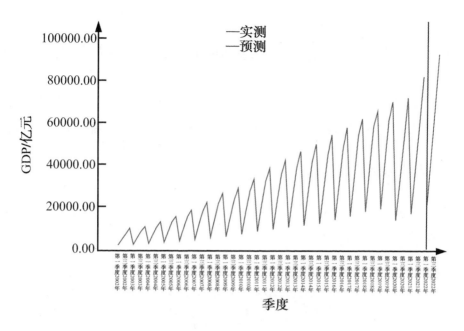

图 10-4-6 预测值与实际观测值走势图

预测结果显示,2022 年山东省第一季度 GDP 为 20478.56 亿元,95％概率置信区间为[18170.47,22999.26],以此类推,如表 10-4-3 所示。

表 10-4-3 预测结果 单位:亿元

模型		2022 年 第一季度	2022 年 第二季度	2022 年 第三季度	2022 年 第四季度
gdp-模型_1	预测	20478.56	44052.51	68333.99	93838.87
	UCL	22999.26	50886.42	79995.88	110615.77
	LCL	18170.47	37929.56	57993.14	79042.32

通过 ARIMA 模型预测可以看出,2022 年全年山东省 GDP 总量超过 9.3 万亿元,上一节我们定性预测 2022 年山东省 GDP 不会超过 9 万亿元,ARIMA 模型的预测结果远超定性预期。造成这种结果的原因在于,ARIMA 模型要求时间序列为平稳序列,而 GDP 序列是非平稳序列,之前连续数十年保持较高增速发展,这种态势会对模型产生一定干扰,即预测结果中保留了当年高速增长的影子,当近期 GDP 增长趋势明显放缓时,模型预测的结果会高于实际结果。

第五节　指数平滑模型在季节性时间序列中的应用

SPSS 提供的"时间序列建模器"中,除了"ARIMA 模型"外,还有"指数平滑法"。接下来我们使用指数平滑法对同一案例进行预测,观察哪一种方法最优。

一、实现步骤

步骤 1:在工具栏"分析(A)"中的"时间序列预测(T)"中选择"创建传统模型(C)"选项,如图 10-5-1 所示。

图 10-5-1　选择"创建传统模型(C)"选项

步骤 2:在弹出的"时间序列建模器"对话框中,将左侧的"GDP"选入右侧的"因变量(D)"中,在下方的"方法(M)"中选择"指数平滑法",如图 10-5-2 所示。

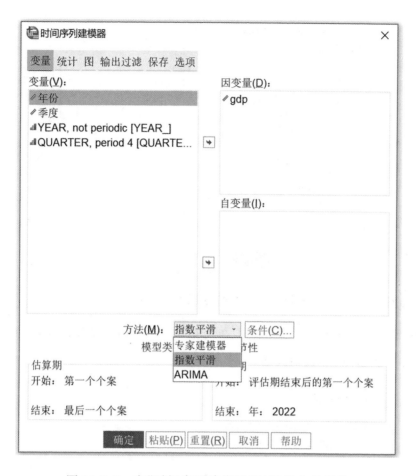

图 10-5-2 在"时间序列建模器"对话框中的操作

步骤 3：单击"条件（C）"按钮。因为指标具有季节性，走势呈现加速扩张趋势，可以定性判断为季节乘法。因此在"季节性"的对话框中选择"温特斯乘性（W）"。因变量转换提供了三种转换方式，我们可以分别做三次，观察哪一种最符合实际。在此先不做转换，单击"继续（C）"返回主对话框，如图 10-5-3 所示。

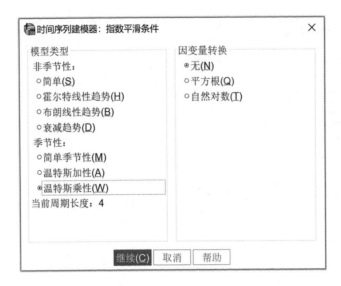

图 10-5-3　选择"温特斯乘性（W）"

步骤 4：单击上方的"统计"按钮，在对话框中选择拟合测量中的"平稳 R 方（Y）"，在左下方选择"显示预测值（S）"，如图 10-5-4 所示。

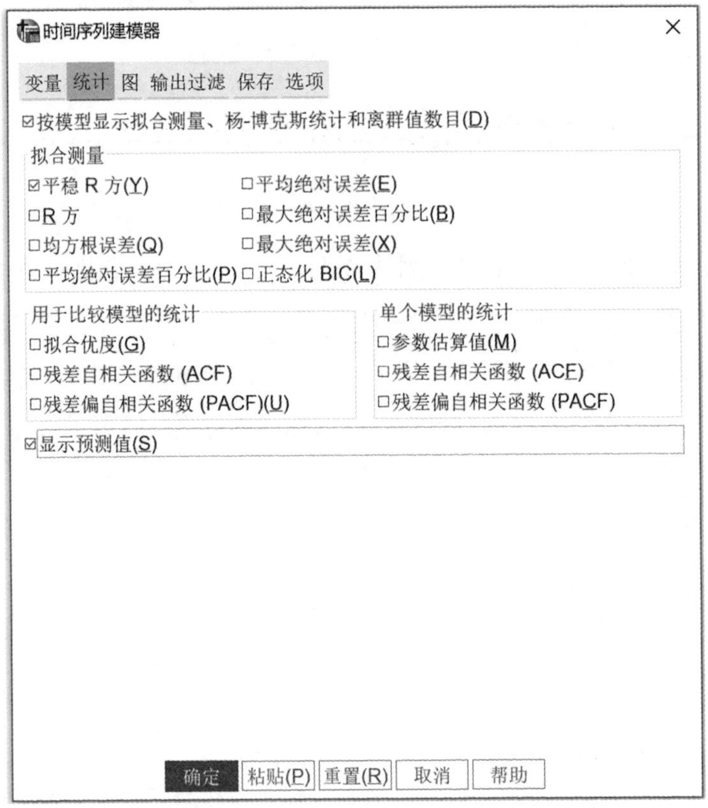

图 10-5-4　选择"平稳 R 方（Y）"和"显示预测值（S）"

步骤 5:单击上方的"保存"按钮,进入保存对话框,在"变量(V)"预测值中设定新生成的变量名为"GDP 预测 1",如图 10-5-5 所示。

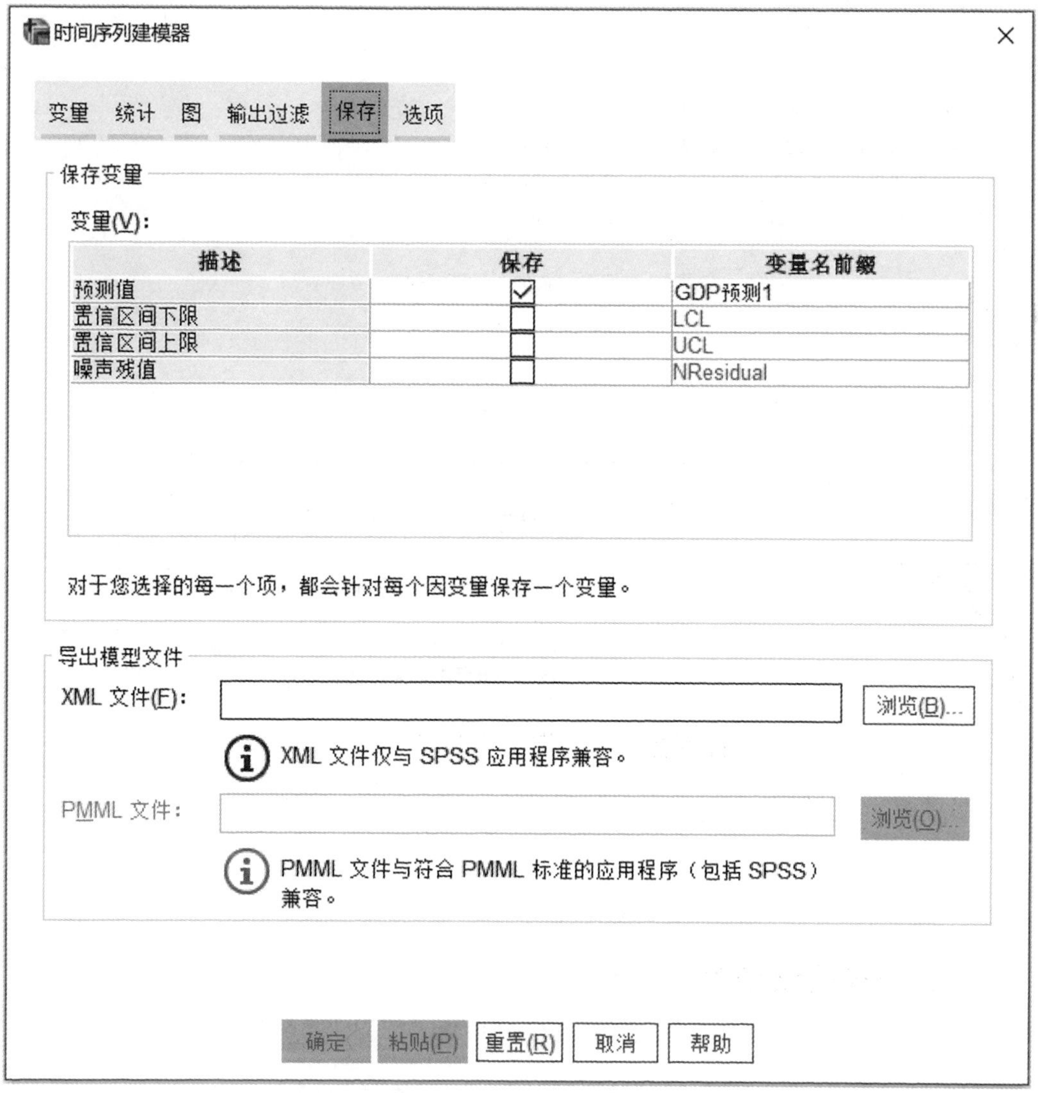

图 10-5-5　设定新生成变量名为"GDP 预测 1"

步骤 6:单击上方的"选项"按钮,选中"预测期"的"评估期结束后的第一个个案到指定日期之间的个案(C)",并在"日期(D)"中输入"2022"和"4",表示输出到2022 年第四季度的预测值,如图 10-5-6 所示。

时间序列建模器 ✕

变量 统计 图 输出过滤 保存 **选项**

预测期
- ○ 评估期结束后的第一个个案到活动数据集中的最后一个个案(F)
- ● 评估期结束后的第一个个案到指定日期之间的个案(C)

日期(D):

年:	季度:
2022	4

用户缺失值
- ● 视为无效(T)
- ○ 视为有效(V)

置信区间宽度 (%)(W): `95`

输出中的模型标识前缀(P): `指数平滑模型`

ACF 和 PACF
输出中显示的最大延迟数(X): `20`

确定 粘贴(P) 重置(R) 取消 帮助

图 10-5-6 在"日期(D)"中输入"2022"和"4"

步骤 7:单击"确定"按钮,系统自动进行指数平滑,并对指标进行预测。

二、结果解读

拟合统计量显示 $R^2 = 0.992$,平稳的 $R^2 = 0.412$,总体拟合效果不如 ARIMA 模型,如表 10-5-1 所示。

表 10-5-1　拟合统计量

拟合统计量	均值	最小值	最大值
平稳的 R^2	0.412	0.412	0.412
R^2	0.992	0.992	0.992
RMSE	1852.153	1852.153	1852.153
MAPE	4.056	4.056	4.056
MaxAPE	42.638	42.638	42.638
MAE	909.587	909.587	909.587
MaxAE	9592.411	9592.411	9592.411
正态化的 BIC	15.213	15.213	15.213

通过走势图可以看出，指数平滑法和 ARIMA 模型预测的走势图高度相似，预测的数据与实际走势基本吻合，最右侧黑线分割后的预测线与前面的实际走势线没有违和感。单凭观测无法判断哪种模型更优，如图 10-5-7 所示。

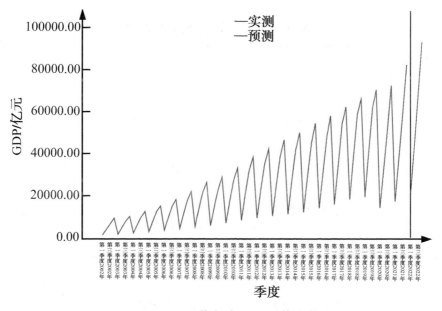

图 10-5-7　预测值与实际观测值走势图

预测结果显示，2022 年山东省第一季度 GDP 为 19208.9 亿元，95% 概率置信区间为 [15520.79,22897.01]，以此类推，如表 10-5-2 所示。

表 10-5-2　预测结果　　　　　　　　　　　　　单位：亿元

模型		Q1 2022	Q2 2022	Q3 2022	Q4 2022
gdp-模型_1	预测	19208.90	40829.86	63501.65	86811.24
	UCL	22897.01	45089.99	68690.47	93146.43
	LCL	15520.79	36569.74	58312.83	80476.05

对比指数平滑模型与 ARIMA 模型预测结果可以看出，指数平滑预测的结果略显悲观，信心不足。预测模型本身并无好坏之分，关键要看当前实际运行情况是悲观还是乐观，不排除种种影响下山东省 GDP 增速继续走低的情况发生。

将上述三类模型预测值与 2022 年第一季度和上半年 GDP 实际值比较可以看出，季节分解方法的偏差率变化幅度最大，但年度预测结果最低；ARIMA 模型预测结果均偏高，且偏差率较大；指数平滑法预测结果均偏低，偏差率最小。如果疫情影响继续，经济增速持续偏低，则选用季节分解法预测；如果经济出现持续回暖，则用指数平滑法预测；如果经济出现强势反弹，则用 ARIMA 模型预测，如表10-5-3 所示。

表 10-5-3　不同模型的预测结果

模型	季度	预测值	偏差率/%
季节分解	2022 年第一季度	19733.2	−0.97
	2022 年第二季度	43899.7	5.23
	2022 年第三季度	65693.0	—
	2022 年第四季度	85045.7	—
ARIMA 模型	2022 年第一季度	20478.56	2.77
	2022 年第二季度	44052.51	5.60
	2022 年第三季度	68333.99	—
	2022 年第四季度	93838.87	—

续表

模型	季度	预测值	偏差率/%
指数平滑法	2022 年第一季度	19208.90	−3.60
	2022 年第二季度	40829.86	−2.13
	2022 年第三季度	63501.65	—
	2022 年第四季度	86811.24	—
2022 年实际	2022 年第一季度	19926.80	—
	2022 年第二季度	41717.00	—

三、注意事项

在实际预测时,通常会用前几期的偏差率进行定性调整,例如,ARIMA 模型前几期预测值偏高 5% 左右,预计后期偏差会继续扩大,可以对年度预测结果调减 6% 甚至 7%。同样,指数平滑法预测值偏低 2% 左右,预计后期偏差会有所收敛,可以对年度预测结果调增 1%,然后再将两种模型下的预测结果进行平均,即可得到较为精准的最终预测结果,由此预计 2022 年全年山东省 GDP 可达到 87475 亿元。

第十一章 BP 神经网络

在计算机发明之初,人们希望通过计算机的算力发展人工智能,解决分析、预测、决策等方方面面的问题。但后来发现,计算机的底层逻辑是最基础的数学方法,人工智能达不到人们的预期,因此 20 世纪 60 年代,人工智能研究陷入低潮。

近年来,随着新一代信息技术的飞速发展,计算能力和数学方法都有了长足发展,而且微观视角下个体离散行为在海量汇聚之后,彼此间的随机性相互抵消,总体变化往往呈现出明显的规律性,因此以机器学习、神经网络为代表的智能算法再次进入人们的视野,其中最著名的便是 BP(Back Propagation)神经网络。

第一节 基本概念与原理

一、BP 神经网络的定义

在神经网络中,BP 神经网络是应用最广泛的神经网络模型之一。BP 神经网络是一种按照误差反向传播算法训练的神经网络。从算法上讲,BP 神经网络就是以网络误差平方和为目标函数,采用梯度下降来计算目标函数的最小值。

二、BP 神经网络的基本原理

BP 神经网络预测是通过仿照人脑神经元的建模和连接,探索模拟人脑神经系统功能的模型,是一个非线性的数据建模工具集合,它包括输入层和输出层、一个或者多个隐藏层。神经元之间的连接赋予一定的权重,并在迭代过程中不断调整这些权重,从而实现预测误差最小化并给出预测精度。

三、BP 神经网络的局限性

BP 神经网络使用反向传播算法对网络的权重和偏差进行反复训练调整,当网络输出层的误差平方和小于指定值时完成训练。但在网络训练过程中,因问题复杂度各有差异,当学习速率太快时,会导致网络权重产生较大的波动;当学习速率较慢时,网络权重的收敛速度会有所降低,从而无法得到最优结果。

四、BP 神经网络的主要结构

BP 神经网络的主要结构包括输入层、隐藏层和输出层。输入层是直接与网络外部原始数据交互的第一层,这一层主要是对外部数据进行转换生成张量;隐藏层主要是检测与数据相关的特定模式,帮助系统识别数据并将其分类到特定类别;输出层主要是将给定的内容与预期的内容进行匹配,给出相应的概率。

不论何种类型的 BP 神经网络,它们共同的特点都是能进行大规模并行处理、分布式存储、弹性拓扑、高度冗余以及非线性运算,具有很强的容错能力和自组织能力。

第二节 BP 神经网络在消费偏好大数据预测中的应用

使用 BP 神经网络时,需要将数据拆分成训练集和测试集。其中,训练集用来估计网络参数,测试集用来防止训练过度。通常会选中 70％的样本作为训练集,30％的样本作为测试集。

一、提出问题

以"云走齐鲁"万人线上健步走数据为例,通过参赛人员的性别、年龄、婚姻状况、学历、职位、收入水平、专业程度等指标,建立对运动鞋质量偏好的神经网络,并开展消费偏好预测。

二、样本预处理

样本预处理主要是设置随机数种子,随机选择 70％的样本。因为获取一个新的数据集后,样本的排序有可能存在一定规律,如果直接使用原始数据进行训练,则系统很可能将其中的排列规律一同学习,增加误差率。所以第一步要进行随机数种子设计。具体的实现步骤如下:

步骤 1:在工具栏"转换(T)"中选择"随机数生成器(G)"选项,如图 11-2-1 所示。

云走齐鲁精简整理数据(专业程度正向).sav [数据集1] - IBM SPSS Sta

文件(F) 编辑(E) 查看(V) 数据(D) 转换(T) 分析(A) 图形(G) 实

	序号	填表所用时间	来源
1	1	303	微信
2	2	391	微信
3	3	382	微信
4	4	237	微信
5	5	153	微信
6	6	432	微信
7	7	265	微信
8	8	394	微信
9	9	1160	微信
10	10	921	微信
11	11	315	微信
12	12	198	微信
13	13	143	微信

计算变量(C)...
可编程性转换...
对个案中的值进行计数(O)...
变动值(F)...
重新编码为相同的变量(S)...
重新编码为不同变量(R)...
自动重新编码(A)...
创建虚变量
可视分箱(B)...
最优分箱(I)...
准备数据以进行建模(P)
个案排秩(K)...
日期和时间向导(D)...
创建时间序列(M)...
替换缺失值(V)...
随机数生成器(G)...

图 11-2-1 选择"随机数生成器(G)"选项

步骤 2:在弹出的对话框中,选中右侧的"设置起点(E)",再单击"固定值(F)",一般采用系统自动赋值即可。然后单击"确定"按钮,即可生成随机数。采用随机数生成器主要是为了让产生的样本计数与其前后毫无关系,纯随机,如图 11-2-2 所示。

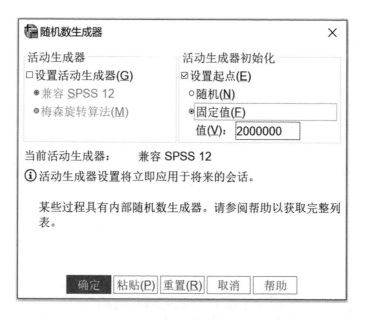

图 11-2-2 在"随机数生成器"对话框中的操作

步骤 3：在工具栏中，选择"转换(T)"中的"计算变量(C)"选项，如图 11-2-3 所示。

图 11-2-3 选择"转换(T)"中的"计算变量(C)"选项

步骤 4：在目标变量中新设变量名"分类"作为训练集和测试集的分类标志。然后在"数字表达式(E)"中输入公式"2 * Rv.Bernoulli(0.7)－1"。可以通过"函数和特殊变量(F)"中的 Rv.Bernoulli 功能输入，如图 11-2-4 所示。然后单击"确定"按钮，系统会将样本随机生成 70％的训练集和 30％的测试集。

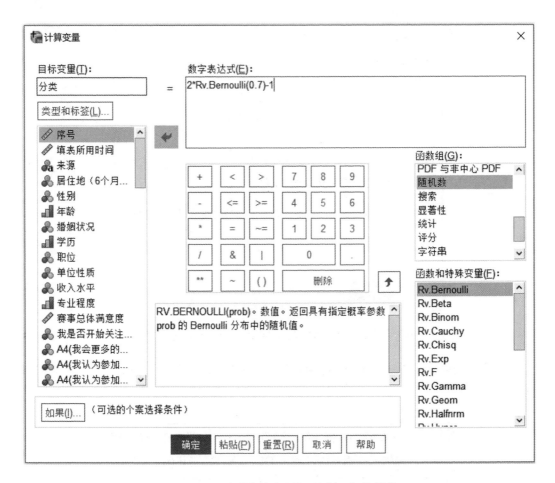

图 11-2-4　在"计算变量"对话框中的操作

三、神经网络预测

（一）实现步骤

步骤 1：在工具栏"分析（A）"中选择"神经网络"中的"多层感知器（M）"选项，如图 11-2-5 所示。

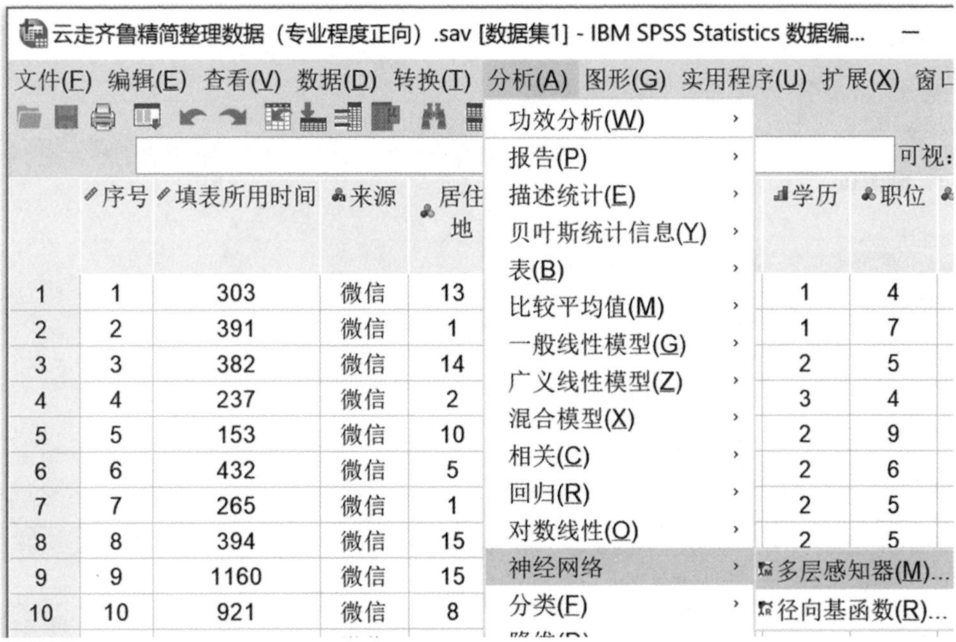

图 11-2-5　选择"神经网络"中的"多层感知器(M)"选项

步骤 2：在弹出的"多层感知器"对话框中，将左侧的"运动鞋质量"指标选入右上方的"因变量(D)"中。将参赛人员的性别、年龄、婚姻状况、学历、职位、收入水平、专业程度等指标选入右下方的"协变量(C)"对话框，并选中右下角"协变量重新标度(S)"中的"标准化"。这主要是因为各变量的量纲不统一，需要进行标准化处理，如图 11-2-6 所示。

基于 SPSS 的大数据辅助科学决策方法与实践

图 11-2-6　在"多层感知器"对话框中的操作

步骤 3：单击上方的"分区"按钮，在"分区数据集"中，可以在"根据个案的相对数目随机分配个案(N)"中设定 70％的训练样本和 30％的检验样本，也可以在"使用分区变量来分配个案(U)"选用刚才随机数生成器给定的分类。本例采用后者，将"分组"选入"分区变量(A)"对话框，如图 11-2-7 所示。

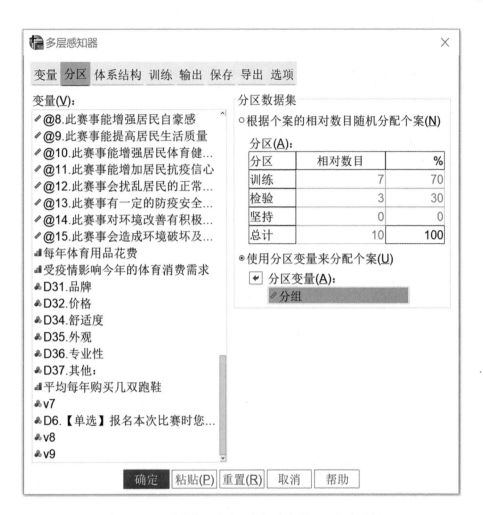

图 11-2-7　将"分组"选入"分区变量(A)"对话框

步骤 4：单击上方的"输出"按钮，根据需要选择相应的统计量。本例重点关注网络结构中的"描述(D)"和"图(A)"，网络性能中的"模型摘要(M)""分类结果(S)""ROC 曲线"，以及"个案处理摘要(C)"和"自变量重要性分析(T)"，如图 11-2-8所示。

多层感知器   ✕

变量 分区 体系结构 训练 输出 保存 导出 选项

网络结构
☑ 描述(D)
☑ 图(A)
☐ 突触权重(S)

网络性能
☑ 模型摘要(M)
☑ 分类结果(S)
☑ ROC 曲线
☐ 累积增益图(U)
☐ 效益图(L)
☐ 预测-实测图(D)
■ 残差-预测图(E)

☑ 个案处理摘要(C)
☑ 自变量重要性分析(T)
ⓘ 随着预测变量数和个案数增加,计算自变量重要性的耗时也会增加。

确定   粘贴(P)   重置(R)   取消   帮助

图 11-2-8   根据需要选择相应的统计量

步骤 5:其他功能选择默认,单击"确定"按钮,系统自动计算并给出结果。

(二)结果解读

案例处理汇总结果显示,所有样本一共 5365 个,其中 3775 个(总量的 70.4%)纳入训练集,1590 个(总量的 29.6%)纳入测试集,基本符合前期的分类设计,如表 11-2-1 所示。

表 11-2-1　案例处理汇总结果

		N	百分比
样本	训练	3775	70.4%
	保持	1590	29.6%
有效		5365	100.0%
已排除		0	—
总计		5365	—

网络信息结果显示,输入层共输入 8 个指标,采用标准化处理消除量纲影响。隐藏层保留 5 个,激活函数用了双曲正切。输出层是"运动鞋质量",如表 11-2-2 所示。

表 11-2-2　网络信息结果

输入层	协变量	1	性别
		2	年龄
		3	婚姻状况
		4	学历
		5	职位
		6	单位性质
		7	收入水平
		8	专业程度
	单位数[a]		8
	协变量的重标度方法		标准化
隐藏层	隐藏层数		1
	隐藏层 1 中的单位数[a]		5
	激活函数		双曲正切

续表

	因变量	1	运动鞋质量
输出层	单位数		2
	激活函数		Softmax
	错误函数		交叉熵

注:a.排除偏差单位。

输入层、隐藏层和输出层的结构如图 11-2-9 所示,其中线越粗说明因素越重要(隐藏层激活函数:双曲正切;输出层激活函数:Softmax)。

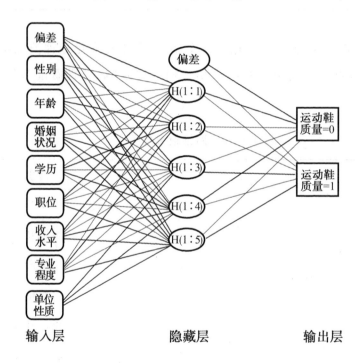

图 11-2-9　输入层、隐藏层和输出层的结构

模型汇总结果显示,神经网络训练后的百分比错误预测为 31.0%,训练用时为 0:00:00.22。训练模型用于测试集后,百分比错误预测为 30.9%。也就是说,经过训练后的模型能够达到七成的预测精度,效果还不错,如表 11-2-3 所示。

表 11-2-3　模型汇总

	交叉熵错误	2240.929
训练	百分比错误预测	31.0%
	中止使用的规则	实现的培训错误标准(0.0001)中的相对变化
	培训时间	0:00:00.22
保持	百分比错误预测	30.9%

注：因变量为运动鞋质量。

分类预测结果显示，在训练模型中，实际注重运动鞋质量且模型能够正确判断的概率为 99.1%，不注重运动鞋质量而模型能够正确判断的概率为 1.9%，总体正确判断率为 69.0%。模型在测试集中应用，总体正确率为 69.1%，略有提高。可见模型对于注重质量的判断准确度非常高，但对于不注重质量的判断准确度非常低，如表 11-2-4 所示。

表 11-2-4　分类预测

样本	已观测	已预测		
		0	1	正确百分比
训练	0	22	1147	1.9%
	1	24	2582	99.1%
	总计百分比	1.2%	98.8%	69.0%
保持	0	7	479	1.4%
	1	12	1092	98.9%
	总计百分比	1.2%	98.8%	69.1%

注：因变量为运动鞋质量。

ROC 曲线图显示，曲线并不饱满，提示模型预测精度尚有待加强，如图 11-2-10所示。

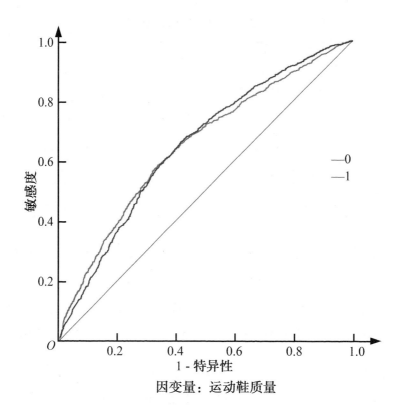

因变量：运动鞋质量

图 11-2-10 ROC 曲线图

ROC 曲线图是反映敏感性与特异性之间关系的曲线。其中，横坐标为特异性，也称为误报率；纵坐标为敏感度。曲线就如同弯弓射箭，越是拉满弓效果越好。

自变量的重要性结果表明，在 8 个输入指标中，收入水平对判断是否注重运动鞋质量的影响最大，为 0.23，标准化的重要性为 100%；其次是单位性质和年龄；影响最小的指标是性别，标准化的重要性仅为 8.2%，如表 11-2-5 所示。

表 11-2-5 自变量的重要性结果

指标	重要性	标准化的重要性
收入水平	0.230	100%
单位性质	0.208	90.5%
年龄	0.157	68.4%
婚姻状况	0.156	67.9%

指标	重要性	标准化的重要性
职位	0.129	56.4％
专业程度	0.060	26.1％
学历	0.041	18.1％
性别	0.019	8.2％

通过神经网络的具体应用可以看出,无论机器学习如何先进,其预测结果给出的依然是概率,且在通常情况下,预测精度远不及回归预测或时间序列预测。其根本原因在于回归多用于对自然规律的分析预测,只要能探究自然规律,就可以较为精准地预测未来,因为自然规律亘古不变。神经网络多用于对人文规律的分析预测,而人都有趋利避害的天性,行为因素会导致预测结果精确度偏低。通常来讲,回归预测的精度可以达到 95％以上,甚至达到 99％,而神经网络预测的精度一般为 70％～80％。

以神经网络为主要内容的 AI 技术在按照人类设计的程序执行任务时,可表现出极高的精度和稳定性,但现在人们对于 AI 寄予的希望过高,甚至认为 AI 就是一面魔镜,可以解决所有的问题,只要输入各类前置条件就会给出最优解;甚至有人希望未来的重大决策、执行等具体工作也能全部交由 AI 完成,人类可以高枕无忧。对此,有以下三个问题需要引起重视。

第一,AI 从方法上讲仍然以定量分析为主,将来无论如何智能,其底层逻辑依然是最基本的数学原理。在固定应用场景下,通过贝叶斯判断等方法反复训练,智能水平可以高度发达,但在随机领域其智能水平相当有限。例如,政务服务智能机器人在回答设定的常规问题时,总能清晰表述,但当来访者情绪激动、语无伦次时,智能机器人往往难以辨别人类的真实诉求。再如无人码头,各类机械按照设定的程序可以高速自动运转,但场景突然发生变化时,由于新场景未经过训练,其自动运转的效能将大打折扣。因此,如何应对随机因素的影响,将是未来 AI 发展的重点,因为无论如何训练,随机因素总有其不可控的一面,所以不能忽视基础科学而无限提高对 AI 的期望。

第二,AI 所用到的各类方法都是建立在已有的数据学习基础之上的,是从已发生的事件上分析原因、总结规律,然后用于指导实践,好比是背对着火车头走向未来。虽然对过去的事物规律可以做到深度掌握,但对于前方的突发事件、重大政策调整等不可控因素,或者问题很明显但没有最新数据纳入时,AI 依然会按照既定的定量分析进行判断,无法提前作出定性预判。形象点说,AI 思维缜密,但"嗅觉"不发达,未来需要提升 AI 的"嗅觉"感知水平。另外,若是一味信任 AI 结果,不注重结果的概率大小,终将误导决策,甚至南辕北辙。

第三,AI 终究是一种辅助工具,它按照数学逻辑进行运算,具有高度的逻辑层次和极强的学习能力,与工业设备相融合,可以大大提高加工的精细度,但 AI 没有情感可言,没有偏好可言,解决不了伦理、情感等问题。面对两难或者多难选择,需要智慧,需要人性,因此 AI 提供的分析结果必须靠人类作出最终决策,否则不排除发生灾难性后果的可能。

尽管当前 AI 发展还存在很大不足,但其蓬勃发展的趋势不可阻挡,随着基础科学的发展,随着 AI 技术在越来越多的领域得到应用,相信未来 AI 终将成为人类最得力的助手之一。

第十二章　决策树

在人工智能领域,神经网络能够按照标准化的重要性对众多自变量排序,但无法给出重要性的激发点,即在何种情况下该自变量的真正效能才会被激发。解决这个问题就需要用到决策树。

第一节　基本概念与原理

一、决策树的定义

决策树是一种典型的分类方法,利用归纳算法生成可理解的准则和树状模型,发现数据中蕴涵的规则。

决策树在处理数据时能够自动对数据进行整合分析,对缺失值不敏感。但决策树也有自身的局限性:一方面,面对连续性字段,决策树剪枝会呈现出过度精剪的结果,对样本信息无法尽可能多地吸收;另一方面,当类别太多时,数据处理的稳定性较差,因为数据的微小变化就有可能生成完全不同的决策树。

二、决策树模型

决策树的分类方法很多,其中 SPSS 软件提供了四种方法,分别是 CHAID、穷举 CHAID、CART 和 QUEST。

(1)CHAID。CHAID 就是卡方自动交互检验,它以卡方检验为判定准则。在每一步计算中,CHAID 都会选择与因变量有最强交互作用的自变量。该方法要求因变量和自变量都是分类变量,如果有连续变量,系统会将连续变量转化为分类变量。

（2）穷举 CHAID。穷举 CHAID 就是穷举卡方自动交互检验。CHAID 在进行树的生长时，若发现变量之间有显著差异就会停止，而穷举 CHAID 则会检查每个自变量所有可能的拆分，最终形成两大类有差异的组。

（3）CART。CART 是一棵二叉树，既可以是分类树，也可以是回归树，具体由目标任务决定。当 CART 是分类树时，采用基尼系数作为结点分枝的标准；当 CART 是回归树时，采用均方误差作为结点分枝的标准。在 CART 算法中，基尼不纯度表示一个随机选中的样本在子集中被分错的可能性。基尼不纯度等于这个样本被选中的概率乘以它被分错的概率。当一个节点中所有样本都是同一类时，基尼不纯度为零。

（4）QUEST。QUEST 的原理与 CART 一样，只能生成二叉树，但该方法具有速度快的特点。

三、决策树剪枝

剪枝是决策树停止分枝的核心方法，剪枝的目的是降低模型复杂度，防止过度拟合。决策树剪枝分为预剪枝和后剪枝。

预剪枝是在构建树的过程中先计算一个界限，当达到该界限时，分枝不能带来模型泛化能力的提升就停止分枝。构建树的过程是从根节点开始，如果当前节点展开后的预测效果大于未展开的预测效果则会展开，否则不展开。预剪枝的优点是算法简单，能有效避免过度拟合现象。

后剪枝是先生成一颗完整的决策树，之后从叶子节点开始剪枝，如果某个节点剪枝后的正确率更高则进行剪枝，否则不剪枝。后剪枝的优点是可以充分利用全部训练的样本信息，缺点是计算量比预剪枝大得多，特别是在构建大数据决策树时更需要较高的计算能力。

第二节　决策树在大数据挖掘中的应用

一、提出问题

仍以"云走齐鲁"万人线上健步走数据为例，在 BP 神经网络预测中，收入水平、年龄、性别、婚姻状况等因素对运动鞋质量都有较大影响。运动鞋生产商计划从性别和婚姻两方面入手,对产品质量偏好开展市场细分,有针对性地投放广告,在此我们试用决策树开展分类。

二、实现步骤

步骤1:在工具栏"分析(A)"选择"分类(F)"中的"决策树(R)"选项,如图12-2-1所示。

图 12-2-1　选择"分类(F)"中的"决策树(R)"选项

步骤2:在弹出的"决策树"对话框中,将"是否注重质量"指标选入"因变量(D)"对话框中,将"婚姻状况"和"性别"两项指标选入"自变量(I)"对话框中。在右下角的"生长法(W)"选项中选择"CHAID"。读者也可以选择其他三类方法进行尝试,如图12-2-2所示。

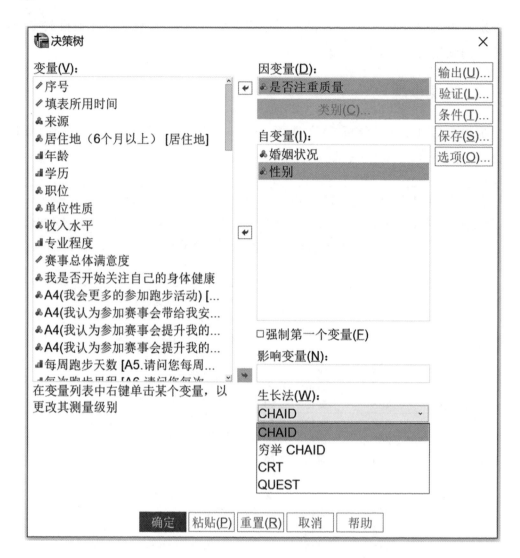

图 12-2-2　在"决策树"对话框中的操作

步骤 3:单击右上角的"输出(U)"按钮,进入"决策树:输出"对话框,在"规则"中选择"生成分类规则(G)",其他选项采用系统默认,如图 12-2-3 所示。单击"继续(C)",返回"决策树"主对话框。

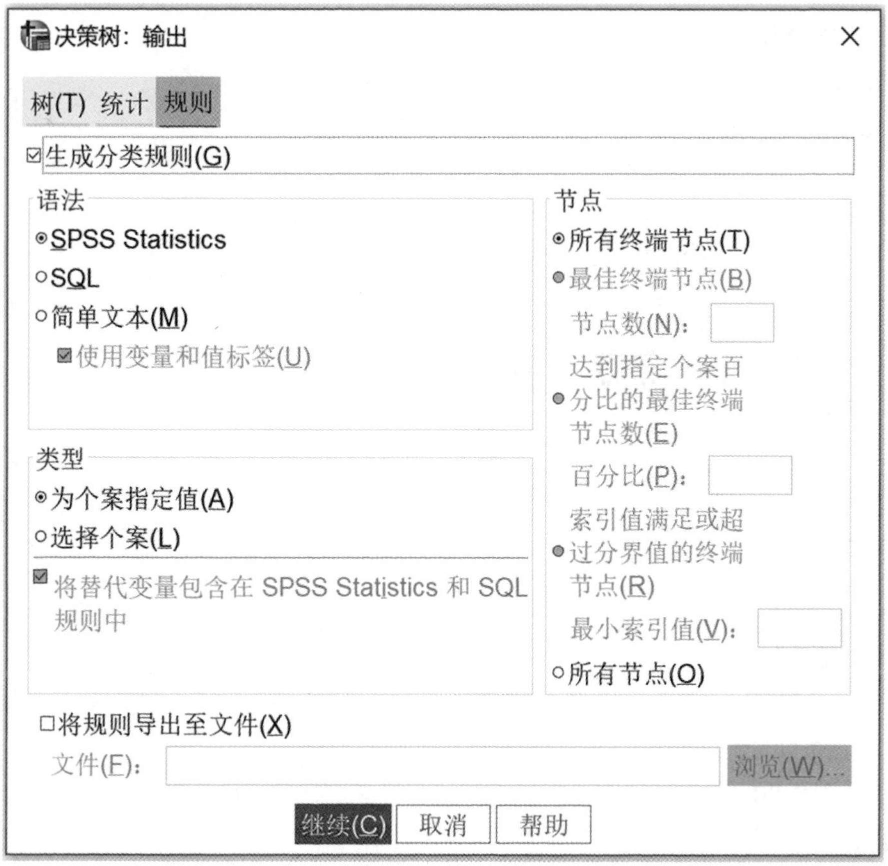

图 12-2-3 在"决策树:输出"对话框中的操作

步骤 4:在主对话框中单击"验证(L)"按钮,进入"决策树:验证"对话框,选择"分割样本验证(S)"选项,训练样本根据情况进行设定,本例设定为 70%的随机样本用于训练,如图 12-2-4 所示。在实际工作中也可以不分训练与验证,也可以选择"交叉验证"。完成选择后,单击"继续(C)"返回主对话框。

决策树: 验证   ✕

○无(N)
○交叉验证(C)
　样本群数(U): ［10］
　如果选择修剪，那么交叉验证不可用于 CRT 和 QUEST 方法
◉分割样本验证(S)
　┌个案分配─────────────────────────────────┐
　│◉使用随机分配(R)   │
　│　训练样本 (%): ［70.00］　　检验样本：　30.00%   │
　│○使用变量(V)   │
　│　变量(B):　　　　样本拆分依据(P):   │
　│　┌───────┐　┌─┐　┌─────────────────┐│
　│　│⚹序号　　▲│　│➡│　│   ││
　│　│⚹填表所用　│　└─┘　└─────────────────┘│
　│　│♣来源　　　│　　　　值为 1 的个案将分配给训练样本。所有其他个案将用│
　│　│♣居住地（　│　　　　在检验样本中。   │
　│　│▄年龄　　　│   │
　│　│⚹学历　　▼│   │
　│　└───────┘   │
　└───────────────────────────────────────┘
　┌显示以下项的结果──────────────────────┐
　│◉训练和检验样本(A)   │
　│○仅检验样本(E)   │
　└──────────────────────────────────┘

　　　　　　　　［继续(C)］［取消］［帮助］

图 12-2-4　本例设定为 70% 的随机样本用于训练

步骤 5：其他功能选择系统默认。在主对话框中单击"确定"，系统自动计算并给出结果。

三、结果解读

模型汇总给出树分类的基本指标项，增长方法为 CHAID，因变量为"是否注重质量"，自变量包括"婚姻状况"和"性别"两个指标，树的最大深度为 3 层，全部样本分为 8 个节点，读者可以自行解读，如表 12-2-1 所示。

表 12-2-1　模型汇总

指定	增长方法	CHAID
	因变量	是否注重质量
	自变量	婚姻状况、性别
	验证	拆分样本
	最大树深度	3
	父节点中的最小个案	100
	子节点中的最小个案	50
结果	自变量已包括	婚姻状况、性别
	节点数	8
	终端节点数	5
	深度	2

　　70％的训练样本结果显示，在根节点"节点 0"中，有 68.6％的样本重视运动鞋质量，共计 2638 例；有 31.4％的样本不重视运动鞋质量，共计 1207 例。

　　以婚姻状况进行分类，$p=0.000$，卡方值为 68.942，具有统计学意义，共分为未婚、已婚有子女和已婚无子女三个节点，分别记作节点 1、节点 2 和节点 3，结果如图 12-2-5 所示。

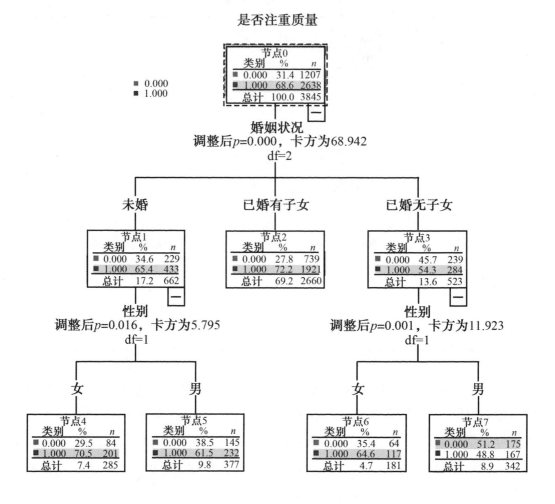

图 12-2-5　未婚、已婚有子女和已婚无子女三个节点

在节点 1 中,有 65.4% 的样本重视运动鞋质量,共计 433 例;有 34.6% 的样本不重视运动鞋质量,共计 229 例。在此基础上继续通过"性别"进行分类,$p=0.016$,卡方值为 5.795,具有统计学意义。结果显示,在未婚群体中,有 70.5% 的女性重视运动鞋质量,有 61.5% 的男性重视运动鞋质量。可见,未婚女性对运动鞋质量的偏好明显高于男性。

在节点 2 中,有 72.2% 的样本注重运动鞋质量,比节点 1 和节点 3 都要高很多,共计 1921 例。这类群体中男女并未表现出明显的差异,因此不再继续分枝。可见,已婚有子女的群体对运动鞋质量的偏好明显高于其他群体。

在节点 3 中,有 54.3% 的样本注重运动鞋质量,共计 284 例,45.7% 的样本不重视运动鞋质量,共计 239 例。在此基础上继续通过"性别"进行分类,$p=0.001$,卡方值为 11.923,具有统计学意义。结果显示,已婚无子女的群体当中,有 64.6% 的女性重视运动鞋质量,有 48.8% 的男性重视运动鞋质量。这类群体对质量的偏好程度明显小于其他群体。

通过训练样本可以看出,广告精准投放的目标群体应当首先锁定女性群体,无论婚否,女性对运动鞋质量的消费偏好都高于男性。其次锁定男性未婚和已婚有子女的群体,他们对运动鞋质量的消费偏好也较高,是未来重要的消费群体。

分类结果显示,在 70% 的训练样本中,对于注重运动鞋质量的人群预测准确度为 93.7%,不注重的准确度为 14.5%,总体预测准确度为 68.8%。训练好的模型用于 30% 的剩余样本检验,结果略有提高,总体预测准确度达到 70.4%,说明模型训练效果较好,用于判断人群是否注重运动鞋质量有七成把握,如表 12-2-2 所示。

表 12-2-2 分类结果

样本	已观测	已预测		
		0	1	正确百分比
训练	0	175	1032	14.5%
	1	167	2471	93.7%
	总计百分比	8.9%	91.1%	68.8%
检验	0	71	377	15.8%
	1	73	999	93.2%
	总计百分比	9.5%	90.5%	70.4%

注:增长方法为 CHAID,因变量列表为是否注重运动鞋质量。

以下是系统总结的分类规则算法:

```
/*  Node 4 * /.
DO IF (VALUE(婚姻状况) EQ 3)  AND  (SYSMIS(性别) OR VALUE(性别) NE 2).
COMPUTE nod_001 = 4.
```

```
COMPUTE pre_001 =  1.

COMPUTE prb_001 =  0.625310.

END IF.

EXECUTE.


/*  Node 5 * /.

DO IF (VALUE(婚姻状况) EQ 3)  AND  (VALUE(性别) EQ 2).

COMPUTE nod_001 = 5.

COMPUTE pre_001 = 1.

COMPUTE prb_001 = 0.700375.

END IF.

EXECUTE.


/*  Node 2 * /.

DO IF (SYSMIS(婚姻状况) OR VALUE(婚姻状况) NE 3  AND  VALUE(婚姻状
况) NE 2).

COMPUTE nod_001 = 2.

COMPUTE pre_001 = 1.

COMPUTE prb_001 = 0.729015.

END IF.

EXECUTE.


/*  Node 6 * /.

DO IF (VALUE(婚姻状况) EQ 2)  AND  (SYSMIS(性别) OR VALUE(性别) NE
2).

COMPUTE nod_001 = 6.

COMPUTE pre_001 = 0.

COMPUTE prb_001 = 0.511696.

END IF.

EXECUTE.
```

```
/*  Node 7 * /.
DO IF (VALUE(婚姻状况) EQ 2)  AND  (VALUE(性别) EQ 2).
COMPUTE nod_001 =  7.
COMPUTE pre_001 =  1.
COMPUTE prb_001 =  0.614458.
END IF.
EXECUTE.
```

通过对比可以发现,神经网络和决策树研究的大多是人文学科的规律,而且指标分类多。人类都有趋利避害的特性且有自我意识,因此人类行为最难预测,为提高模型的包容度,只能牺牲预测的部分精度。

第十三章 聚类分析

正所谓"物以类聚,人以群分",在现实工作中,观察样本间的亲疏关系往往不需要决策树这样严格的假设检验,只需大致的分类即可,这就需要用到聚类分析。聚类分析是 AI 领域非常重要的一种方法,该方法按照一定的规则把全体样本划分成若干类,把同类的样本聚在一起,从而分析同一类别内部的特点,以及不同类别间的差异。

《大学·中庸》提出"致知在格物"。格物致知是通向成功的起始点,其中格物大数据的重要方法是对数据分类汇总,进而开展对比分析,研究异同。由于古代数学方法和数据远不及现代丰富,因此人们主要依靠经验和专业知识来格物。近代以来,科学技术飞速发展,人工智能逐步衍生出了以定量分析为主的聚类分析,为格物大数据提供了十分便捷的操作。

第一节 基本概念与原理

一、聚类分析的基本方法

常规的聚类分析包括系统聚类、K-均值聚类和二阶聚类,其中系统聚类又分为 R 型聚类和 Q 型聚类。

(1)R 型聚类。R 型聚类是对变量进行分类,将具有共同特征的变量归为一类,以便从众多变量中挑选出具有代表性的变量,多用于降维分析。

(2)Q 型聚类。Q 型聚类是对样本进行分类,把具有共同特征的样本归为一类,以便对不同类型的样本进行分析,多用于市场客户细分。

(3)K-均值聚类。K-均值聚类是大数据挖掘的经典算法之一,其先是根据专业经验确定聚类的类别数,然后将样本快速归类到相应的类别,适合大样本聚类。但 K-均值聚类仅限于样本间的 Q 型聚类,不能对变量进行聚类。

(4)二阶聚类。二阶聚类可以对连续型变量和分类型变量同时进行聚类,可以自动确定最终的分类个数,尤其善于处理大型数据集。

二、聚类分析的基本步骤

系统聚类的基本步骤是先把每个样本(或变量)看作一类,然后计算所有类别间的距离,将距离最近的两类合并为一个小类;再计算小类之间的距离,逐步向上归类,直到归为一大类为止,该方法适合样本容量不大的数据集。

K-均值聚类的基本步骤是事先研究行业特点和目标要求,确定预期的分类数 K,也可以先借助系统聚类对部分样本进行预聚类,辅助决定分类数 K。然后确定 K 个聚类中心点,计算所有样本数据到 K 个聚类中心点的距离,按照距离最短原则进行初始分类;再以初始分类后的均值作为新的聚类中心点,重复上述过程,直到完成迭代为止。

二阶聚类分为两步操作,第一步是对所有样本进行预聚类,构建 CF 分类特征树;第二步是在分类树的基础上,根据 BIC 或 AIC 最小原则对节点进行分类,得出最终的聚类结果。

三、聚类分析预处理

聚类分析预处理包括标准化处理和减少变量间线性相关关系。

(一)标准化处理

由于聚类分析的原理是计算样本或变量之间的距离,而变量之间的计量单位各异,要保证可比性,就要对数据进行标准化处理,将原始数据转化为无量纲差异的数据。不过 SPSS 软件在聚类分析模块中自带标准化功能,可以直接调用,一键完成。

(二)减少变量间线性相关关系

聚类分析按照距离的远近测量亲疏程度,如果变量间存在较高的线性关系,那么在计算距离时,同类变量将会产生交叉作用,导致聚类结果偏向这些变量,因此要事先精选出最具代表性的指标,提高分类的科学性。

第二节 系统聚类在宏观经济管理中的应用

一、提出问题

从《山东统计年鉴(2021)》中筛选出 2020 年全国各省(自治区、直辖市)的地区生产总值(亿元)、固定资产投资增速(%)、房地产开发投资额(亿元)、一般公共预算收入(亿元)、人均可支配收入(元)、社会消费品零售总额(亿元)共 6 项指标数据。地域范围为国家统计局开展统计调查的全国 31 个省(自治区、直辖市),未包括我国台湾省、香港特别行政区和澳门特别行政区。通过系统聚类,对 31 个省(自治区、直辖市)进行分类,并分析各类别的综合情况。

二、实现步骤

步骤 1:在工具栏"分析(A)"中选择"分类(F)"中的"系统聚类(H)"选项,如图 13-2-1 所示。

图 13-2-1　选择"分类(F)"中的"系统聚类(H)"选项

步骤 2:在弹出的"系统聚类分析"对话框中,将上述 6 项指标选入右上侧的"变量(V)"对话框中,将"地区"作为"个案标注依据(C)"。因为要对 31 个省(自治区、直辖市)进行聚类,所以聚类目标选择"个案(E)",在"显示"选项中选择"统计(I)"和"图(L)",如图 13-2-2 所示。

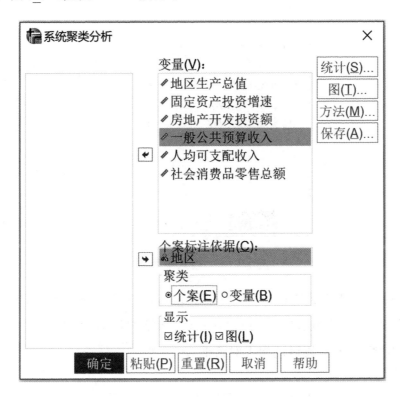

图 13-2-2　在"系统聚类分析"对话框中的操作

步骤 3:单击右上角的"统计(S)"按钮,进入"系统聚类分析:统计"对话框。根据需要选择"集中计划(A)"或"近似值矩阵(P)",其中"集中计划"是指计算每个进程中被合并的类和类间距离,"近似值矩阵"是指计算观测值之间的距离矩阵。

因为全国经济社会发展存在东、中、西差距,也有南北差距,因此确定 3～5 个分类较为合理。所以选择"解的范围(R)",在"最小聚类数(M)"中输入 3,在"最大聚类数(X)"中输入 5,如图 13-2-3 所示。然后单击"继续(C)"返回主对话框。

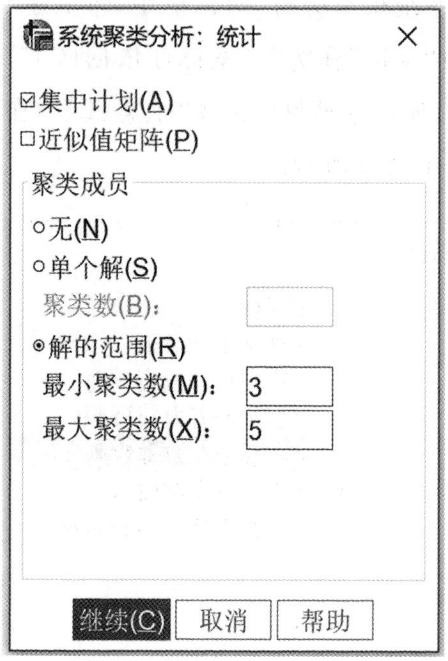

图 13-2-3　输入聚类数

步骤 4：在主对话框中单击"图(T)"按钮，进入"系统聚类分析：图"对话框。选择"谱系图(D)"，系统会将聚类的结果以树状结构显示，便于观察，如图 13-2-4 所示。单击"继续(C)"按钮返回主对话框。

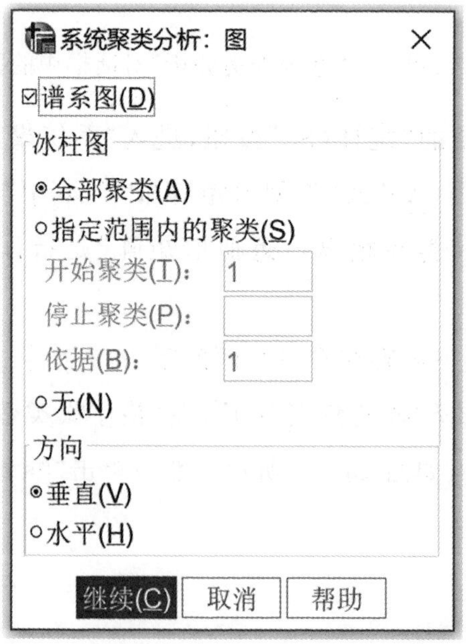

图 13-2-4　在"系统聚类分析：图"对话框中的操作

步骤 5：在主对话框中单击"方法（M）"按钮，进入"系统聚类分析：方法"对话框。在"聚类方法（M）"中，系统提供了多种方法，通常选用系统推荐的"组间联接"法。"区间（N）"也给出了多种测量标准，通常选择"平方欧氏距离"。因为各指标的计量单位不同且数量级不统一，所以需要对指标进行标准化处理，选择左下角"标准化（S）"中的"Z 得分"，如图 13-2-5 所示。单击"继续（C）"返回主对话框。

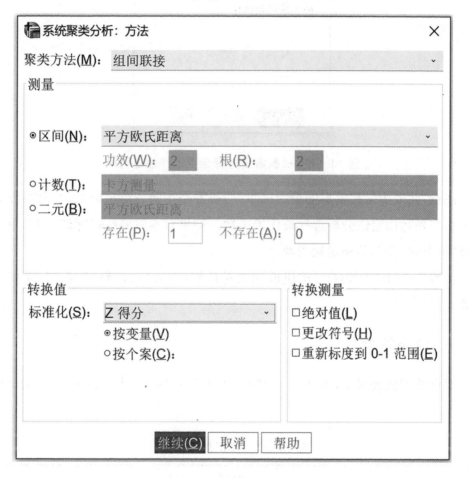

图 13-2-5　选择并设定方法

步骤 6：在主对话框中单击"保存（A）"按钮，进入"系统聚类分析：保存"对话框，根据需要选择聚类的最终输出范围。本例在"最小聚类数（M）"中输入"3"，在"最大聚类数（X）"中输入"5"，如图 13-2-6 所示。

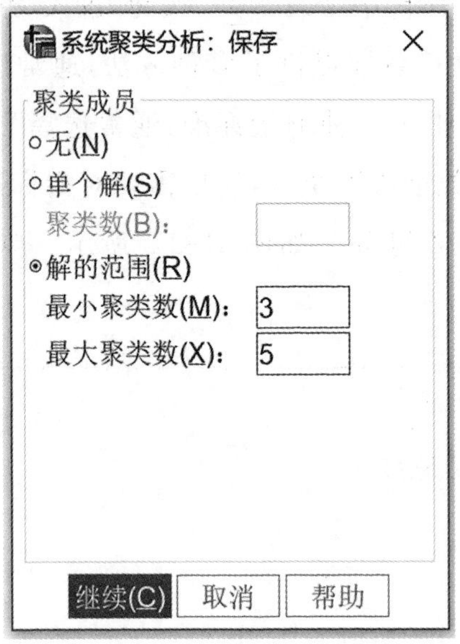

图 13-2-6　根据需要选择聚类最终输出范围

注意,此处为最终输出的聚类结果,一般要与步骤 3 设定的范围一致,然后根据聚类结果运用定性分析选择最优聚类数。如果对本领域有很深的了解,也可以选择"单个解(S)",并指定聚类数。

步骤 7:单击"继续(C)"按钮返回主对话框,然后单击"确定"按钮,系统自动计算并给出结果。

三、结果解读

案例处理摘要显示,本次聚类共有 31 个有效样本,缺失值为 0,如表 13-2-1所示。

表 13-2-1　案例处理摘要[a]

案例					
有效		缺失		合计	
N	百分比	N	百分比	N	百分比
31	100.0%	0	0.0%	31	100.0%

注:a.已使用平方 Euclidean 距离。

群集成员结果显示 3~5 类的分类结果,如表 13-2-2 所示。

表 13-2-2　3~5 类的分类结果

案例	5 类群集	4 类群集	3 类群集
1.北京	1	1	1
2.天津	2	2	2
3.河北	2	2	2
4.山西	2	2	2
5.内蒙古	2	2	2
6.辽宁	2	2	2
7.吉林	2	2	2
8.黑龙江	2	2	2
9.上海	1	1	1
10.江苏	3	3	3
11.浙江	4	3	3
12.安徽	2	2	2
13.福建	2	2	2
14.江西	2	2	2
15.山东	4	3	3
16.河南	2	2	2
17.湖北	5	4	2
18.湖南	2	2	2
19.广东	3	3	3
20.广西	2	2	2
21.海南	2	2	2
22.重庆	2	2	2
23.四川	2	2	2
24.贵州	2	2	2
25.云南	2	2	2
26.西藏	2	2	2

续表

案例	5 类群集	4 类群集	3 类群集
27.陕西	2	2	2
28.甘肃	2	2	2
29.青海	5	4	2
30.宁夏	2	2	2
31.新疆	2	2	2

以 3 类群集为例,系统将北京和上海 2 个市归为第一类,将江苏、浙江、山东、广东 4 个省归为第三类,其他 25 个省(自治区、直辖市)归为第二类。4 类群集和 5 类群集的结果读者可以自行解读。

树状图能更加直观地显示聚类过程和结果,如图 13-2-7 所示。

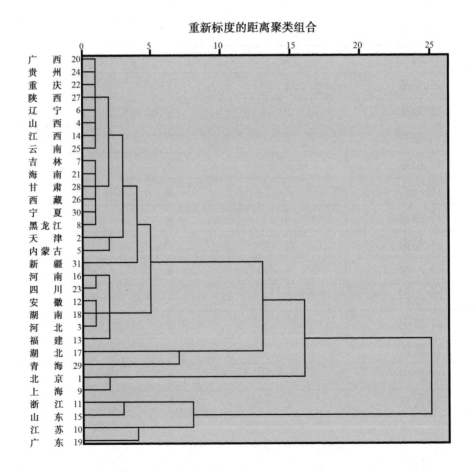

图 13-2-7　使用平均联接(组间)的谱系图

四、聚类后深度挖掘

本案例中,将全国 31 个省(自治区、直辖市)划分为 3 类较为符合实际,运用单因素方差分析,比较这 3 类之间的实际情况。方差分析具体步骤省略,此处仅分析结果。

以地区生产总值为例,第一类共 2 个样本,均值为 37401.6 亿元,标准差为 1837.063 亿元,极小值为 36102.6 亿元,极大值为 38700.6 亿元;第二类共 25 个样本,均值为 23455.588 亿元,标准差为 15127.828 亿元,极小值为 1902.7 亿元,极大值为 54997.1 亿元。其他结果解读以此类推,读者可以自行解读,如表 13-2-3 所示。

表 13-2-3　各项指标的统计量

指标		均值	标准差	标准误差	均值的 95% 置信区间		极小值	极大值
					下限	上限		
地区生产总值/亿元	1	37401.600	1837.063	1299.000	20896.240	53906.960	36102.600	38700.600
	2	23455.588	15127.828	3025.566	17211.128	29700.048	1902.700	54997.100
	3	87805.550	22380.354	11190.177	52193.413	123417.687	64613.300	110760.900
	总数	32658.552	26661.812	4788.603	22878.920	42438.183	1902.700	110760.900
固定资产投资增速/%	1	6.250	5.728	4.050	−45.210	57.710	2.200	10.300
	2	3.636	6.842	1.368	0.812	6.460	−18.800	16.200
	3	4.125	2.943	1.472	−0.558	8.808	0.300	7.200
	总数	3.868	6.312	1.134	1.553	6.183	−18.800	16.200
房地产开发投资额/亿元	1	4318.700	537.401	380.000	−509.658	9147.058	3938.700	4698.700
	2	3258.296	2267.263	453.453	2322.416	4194.176	165.500	7782.300
	3	12837.050	3348.523	1674.261	7508.803	18165.297	9450.500	17312.700
	总数	4562.677	3974.139	713.776	3104.951	6020.403	165.500	17312.700

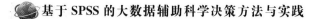

续表

指标		均值	标准差	标准误差	均值的 95% 置信区间		极小值	极大值
					下限	上限		
一般公共预算收入/亿元	1	6265.000	1104.501	781.000	−3658.550	16188.550	5484.000	7046.000
	2	2072.240	1135.184	227.037	1603.660	2540.820	221.000	4258.000
	3	8947.250	2851.756	1425.878	4409.470	13485.030	6560.000	12922.000
	总数	3229.840	2823.859	507.180	2194.040	4265.640	221.000	12922.000
人均可支配收入/元	1	70833.000	1978.485	1399.000	53057.020	88608.980	69434.000	72232.000
	2	27332.360	5068.669	1013.734	25240.120	29424.600	20335.000	43854.000
	3	42425.500	8027.315	4013.657	29652.250	55198.750	32886.000	52397.000
	总数	32086.350	12661.003	2273.983	27442.260	36730.450	20335.000	72232.000
社会消费品零售总额/亿元	1	14824.450	1567.019	1108.050	745.340	28903.560	13716.400	15932.500
	2	9160.772	6655.417	1331.083	6413.551	11907.993	745.800	22502.800
	3	33292.950	6402.180	3201.090	23105.654	43480.246	26629.800	40207.900
	总数	12640.000	10338.981	1856.936	8847.631	16432.369	745.800	40207.900

注:第一类、第二类、第三类样本数量分别为 2、25、4。

单因素方差分析结果显示,各指标在三大类之间存在差异。以地区生产总值为例,$F=28.661$,$p=0.000<0.01$,具有统计学意义,该指标在三大类之间具有显著差异,结合表 13-2-3 所示的统计结果可以推断,广东、江苏、山东、浙江四省的平均水平显著高于北京和上海的平均水平,而北京、上海的平均水平又显著高于其他省(区、市)的平均水平。对其他结果的解读以此类推,如表 13-2-4 所示。

表 13-2-4　单因素方差分析

指标		平方和	df	均方	F	显著性
地区生产总值 /亿元	组间	14327122221.941	2	7163561110.971	28.661	0.000
	组内	6998443776.176	28	249944420.578	—	—
	总数	21325565998.117	30	—	—	—
固定资产投资 增速/%	组间	12.958	2	6.479	0.153	0.858
	组内	1182.150	28	42.220	—	—
	总数	1195.108	30	—	—	—
房地产开发 投资额/亿元	组间	316515288.555	2	158257644.277	28.171	0.000
	组内	157298128.880	28	5617790.317	—	—
	总数	473813417.434	30	—	—	—
一般公共预算 收入/亿元	组间	182680444.884	2	91340222.442	45.230	0.000
	组内	56544887.310	28	2019460.261	—	—
	总数	239225332.194	30	—	—	—
人均可支配 收入/元	组间	3995208386.337	2	1997604193.168	68.729	0.000
	组内	813821422.760	28	29065050.813	—	—
	总数	4809029809.097	30	—	—	—
社会消费品零 售总额/亿元	组间	2018346705.315	2	1009173352.657	23.775	0.000
	组内	1188489019.645	28	42446036.416	—	—
	总数	3206835724.960	30	—	—	—

第三节　K-均值聚类在大数据挖掘中的应用

一、提出问题

以"云走齐鲁"万人线上健步走数据为例,通过参赛人员对赛事总体满意度、明年参赛意愿、赛事增强居民抗疫信心、赛事增强居民体育健身意识、赛事提升城市影响力五项指标,将所有调查样本快速分成四大类,研究不同类别之间的差异。

二、实现步骤

步骤 1:因为五项指标中,参赛人员对赛事总体满意度、明年参赛意愿两类指标采用的是 7 分制,其余三类指标采用的是 5 分制,故标准不统一。由于 SPSS 软件在 K-均值聚类模块中没有加入标准化功能,因此要提前进行标准化处理。打开文件后,在工具栏"分析(A)"中的"描述统计(E)"中选择"描述(D)"选项,如图13-3-1 所示。

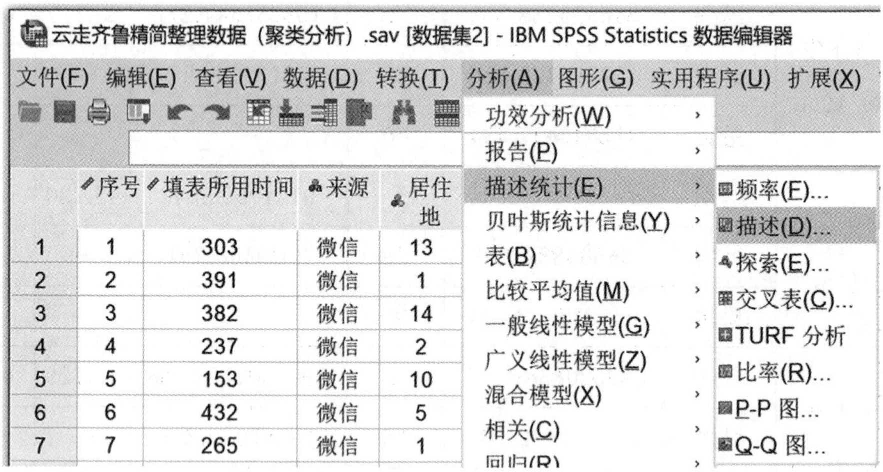

图 13-3-1　选择"描述(D)"选项

步骤 2:在弹出的"描述"对话框中,将左侧的五项指标选入右侧的"变量(V)"对话框,同时选中左下角的"将标准化值另存为变量(Z)",单击"确定"按钮,系统自动计算五项指标的标准化得分,并生成新的指标变量,如图 13-3-2 所示。

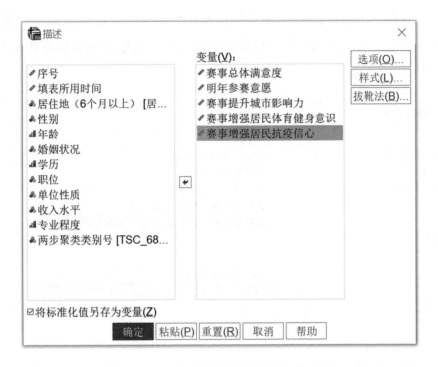

图 13-3-2　对五项指标进行标准化处理

步骤3：在工具栏"分析（A）"中的"分类（F）"中选择"K-均值聚类（K）"选项，如图 13-3-3 所示。

图 13-3-3　选择"K-均值聚类（K）"选项

步骤 4：在弹出的对话框中，将左侧标准化后的五项新指标选入右侧的"变量（V）"对话框中。在"聚类数（U）"对话框中输入"4"，表示将所有样本快速分为四大类，如图 13-3-4 所示。

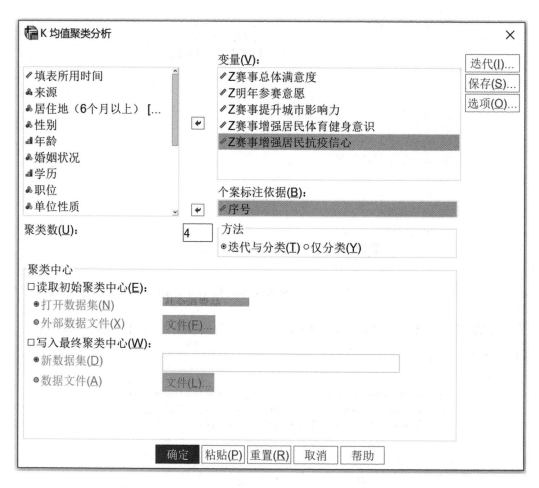

图 13-3-4　在"K 均值聚类分析"对话框中的操作

步骤 5：单击右上角的"迭代（I）"按钮，进入"K-均值聚类分析：迭代"对话框。系统默认"最大迭代次数（M）"为 10 次，即系统最多做 10 次迭代，寻找最佳聚类中心，如果超过 10 次仍未找到，则停止寻找。系统默认"收敛准则（C）"为 0，表示新一次迭代形成的聚类中心点和上一次的距离差为 0，则达到收敛标准，终止聚类分析，如图 13-3-5 所示。然后单击"继续（C）"按钮返回主对话框。

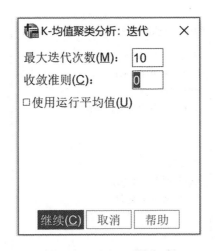

图 13-3-5 迭代操作

步骤6:在主对话框中单击"保存(S)"按钮,进入"K-均值聚类:保存新变量"对话框。选中"聚类成员(C)"和"与聚类中心的距离(D)"两个选项。前者表示将所有样本分类后,所属的类别号保存到新变量中;后者表示将所有样本与聚类中心的欧氏距离保存到新变量中。单击"继续(C)"返回主对话框,如图 13-3-6 所示。

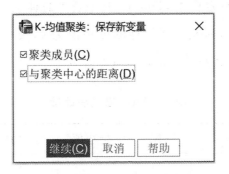

图 13-3-6 对"K-均值聚类:保存新变量"对话框的操作

步骤7:在主对话框中单击"选项(O)"按钮,在弹出的对话框中,根据需要选择相应的统计量,本例选择"初始聚类中心(I)"和"ANOVA 表",如图 13-3-7 所示。单击"继续(C)"按钮返回主对话框,再单击"确定"按钮,系统自动计算并分类。

图 13-3-7 选择"初始聚类中心（I）"和"ANOVA 表"

三、结果解读

描述统计量显示,有效样本 5365 个,其中赛事总体满意度和明年参赛意愿的极小值为 1,极大值为 7,其他三项指标的极小值为 1,极大值为 5,每项指标的均值与标准差读者可以自行解读,如表 13-3-1 所示

表 13-3-1 描述统计量

指标	N	极小值	极大值	均值	标准差
赛事总体满意度	5365	1	7	5.85	1.559
明年参赛意愿	5365	1	7	5.83	1.599
赛事提升城市影响力	5365	1	5	4.18	0.930
赛事增强居民体育健身意识	5365	1	5	4.27	0.876
赛事增强居民抗疫信心	5365	1	5	4.26	0.898
有效的 N（列表状态）	5365	—	—	—	—

初始聚类中心显示各指标标准化后在不同类别中的初始聚类中心点,如表

13-3-2 所示。

表 13-3-2　初始聚类中心

指标	聚类			
	1	2	3	4
Z-score(赛事总体满意度)	0.73851	−3.10942	0.73851	−3.10942
Z-score(明年参赛意愿)	0.73265	−3.01976	0.73265	−3.01976
Z-score(赛事提升城市影响力)	−3.42238	−3.42238	0.87915	0.87915
Z-score(赛事增强居民体育健身意识)	0.82789	−3.737	−3.737	0.82789
Z-score(赛事增强居民抗疫信心)	0.82847	−3.6274	−3.6274	−0.2855

迭代历史记录显示,经过 8 次迭代后达到收敛标准,终止聚类分析,如表 13-3-3 所示。

表 13-3-3　迭代历史记录[a]

迭代	聚类中心内的更改			
	1	2	3	4
1	3.715	1.929	3.379	3.134
2	0.347	0.369	0.866	0.230
3	0.080	0.126	0.204	0.241
4	0.012	0.047	0.073	0.116
5	0.002	0.019	0.008	0.021
6	0.000	0.000	0.013	0.016
7	0.000	0.000	0.008	0.009
8	0.000	0.000	0.000	0.000

注:a.由于聚类中心内没有改动或改动较小而达到收敛,任何中心的最大绝对坐标更改为 0.000;当前迭代为 8,初始中心间的最小距离为 6.884。

最终聚类中心结果显示,在迭代过程中,聚类中心与初始聚类中心发生偏移,如表 13-3-4 所示。

表 13-3-4 最终聚类中心

	聚类			
	1	2	3	4
Z-score(赛事总体满意度)	0.54823	−2.43911	−0.51018	−1.179
Z-score(明年参赛意愿)	0.54985	−2.50389	−0.51879	−1.16086
Z-score(赛事提升城市影响力)	0.47876	−2.45028	−1.11064	−0.13672
Z-score(赛事增强居民体育健身意识)	0.50302	−2.64736	−1.16518	−0.12959
Z-score(赛事增强居民抗疫信心)	0.50254	−2.6456	−1.14196	−0.15659

方差分析结果显示，在四个分类中，标准化后的五项指标 $p = 0.000$，均小于 0.01 的检验水平，各指标间存在显著差异，如表 13-3-5 所示。

表 13-3-5 方差分析结果

	聚类		误差		F	Sig.
	均方	df	均方	df		
Z-score(赛事总体满意度)	1146.307	3	0.359	5361	3192.257	0.000
Z-score(明年参赛意愿)	1158.867	3	0.352	5361	3291.665	0.000
Z-score(赛事提升城市影响力)	1023.561	3	0.428	5361	2392.741	0.000
Z-score(赛事增强居民体育健身意识)	1150.054	3	0.357	5361	3221.504	0.000
Z-score(赛事增强居民抗疫信心)	1133.460	3	0.366	5361	3094.529	0.000

注：F 检验应仅用于描述目的，因为选中的聚类将被用来最大化不同聚类中的案例间的差别。观测到的显著水平并未据此进行更正，因此无法将其解释为是对聚类均值相等这一假设的检验。

聚类案例数结果显示，第一类共有 3411 个，第二类共有 177 个，第三类共有 982 个，第四类共有 795 个。分类后所属的类别号已经保存到新变量中，如表

13-3-6所示。

表 13-3-6　每个聚类中的案例数

聚类	1	3411
	2	177
	3	982
	4	795
有效		5365
缺失		0

四、K-均值聚类后深度挖掘

运用单因素方差分析,比较这四类之间的实际情况。方差分析具体步骤省略,此处仅分析结果。

描述结果显示,赛事总体满意度指标中,第一大类共有 3411 个样本,总体满意度为 6.70 分,标准差为 0.541 分,最小值为 3 分,最大值为 7 分。其他情况以此类推,读者可以自行解读,如表 13-3-7 所示。

表 13-3-7　描述统计量

指标		N	均值	标准差	标准误差	均值95％置信区间		极小值	极大值
						下限	上限		
赛事总体满意度	1	3411	6.70	0.541	0.009	6.69	6.72	3	7
	2	177	2.05	1.233	0.093	1.86	2.23	1	7
	3	982	5.05	1.128	0.036	4.98	5.12	1	7
	4	795	4.01	1.652	0.059	3.90	4.13	1	7
	总数	5365	5.85	1.559	0.021	5.81	5.89	1	7

指标		N	均值	标准差	标准误差	均值95%置信区间		极小值	极大值
						下限	上限		
明年参赛意愿	1	3411	6.71	0.547	0.009	6.69	6.73	3	7
	2	177	1.82	1.157	0.087	1.65	2.00	1	7
	3	982	5.00	1.153	0.037	4.93	5.07	1	7
	4	795	3.97	1.688	0.060	3.85	4.09	1	7
	总数	5365	5.83	1.599	0.022	5.79	5.87	1	7
赛事提升城市影响力	1	3411	4.63	0.576	0.010	4.61	4.65	1	5
	2	177	1.90	0.915	0.069	1.77	2.04	1	5
	3	982	3.15	0.663	0.021	3.11	3.19	1	5
	4	795	4.06	0.587	0.021	4.01	4.10	1	5
	总数	5365	4.18	0.930	0.013	4.16	4.21	1	5
赛事增强居民体育健身意识	1	3411	4.72	0.462	0.008	4.70	4.73	3	5
	2	177	1.95	0.916	0.069	1.82	2.09	1	4
	3	982	3.25	0.621	0.020	3.21	3.29	1	5
	4	795	4.16	0.523	0.019	4.12	4.20	1	5
	总数	5365	4.27	0.876	0.012	4.25	4.30	1	5
赛事增强居民抗疫信心	1	3411	4.71	0.476	0.008	4.69	4.72	2	5
	2	177	1.88	0.894	0.067	1.75	2.01	1	4
	3	982	3.23	0.656	0.021	3.19	3.27	1	5
	4	795	4.12	0.556	0.020	4.08	4.15	2	5
	总数	5365	4.26	0.898	0.012	4.23	4.28	1	5

单因素方差分析结果显示,在四类分组情况下,各指标的 $p=0.000$,均小于 0.01 检验水平,各类别间均有显著差异,分组效果好,如表 13-3-8 所示。

表 13-3-8 单因素方差分析

指标		平方和	df	均方	F	显著性
赛事总体 满意度	组间	8361.243	3	2787.081	3192.257	0.000
	组内	4680.557	5361	0.873	—	—
	总数	13041.800	5364	—	—	—
明年参赛意愿	组间	8888.689	3	2962.896	3291.665	0.000
	组内	4825.548	5361	0.900	—	—
	总数	13714.237	5364	—	—	—
赛事提升 城市影响力	组间	2655.279	3	885.093	2392.741	0.000
	组内	1983.074	5361	0.370	—	—
	总数	4638.353	5364	—	—	—
赛事增强居民 体育健身意识	组间	2649.097	3	883.032	3221.504	0.000
	组内	1469.480	5361	0.274	—	—
	总数	4118.577	5364	—	—	—
赛事增强居 民抗疫信心	组间	2740.209	3	913.403	3094.529	0.000
	组内	1582.391	5361	0.295	—	—
	总数	4322.600	5364	—	—	—

　　结合描述结果解读,第一类群体共 3411 个,占全部的 63.6%。这类群体对赛事总体满意度的均值为 6.70 分,明年参赛意愿的均值为 6.71 分,赛事提升城市影响力的均值为 4.63 分,赛事增强居民体育健身意识的均值为 4.72 分,赛事增强居民抗疫信心的均值为 4.71 分,打分情况均明显高于其他三类群体,可见 63.6% 的群体对赛事保持高度的评价和信心,赛事在社会群体中产生了显著影响。

　　相比较而言,第二类群体共 177 个,占全部的 3.3%。这类群体对赛事总体满意度的均值为 2.05 分,明年参赛意愿的均值为 1.82 分,赛事提升城市影响力的均值为 1.90 分,赛事增强居民体育健身意识的均值为 1.95 分,赛事增强居民抗疫信心的均值为 1.88 分,打分情况均明显低于其他三类群体,即有 3.3% 的群体对赛事的评价和信心不高。虽然从正态分布的角度看,3.3% 的群体属于少数群体,不会对结果产生显著影响，但在“创建人民满意的群众赛事”的宗旨下，服务和宣传工作仍有很大的提升空间。

选取第二类群体，通过描述功能进行细分。在 177 个样本中，从性别看，男性占 58.8%；从年龄看，41～50 岁群体占比最高，达 28.2%；从婚姻状况看，已婚的群体占 82.5%，其中已婚有子女的占 65%；从学历看，专科和本科合计占比最高，达 67.8%。

综上所述，男性 41～50 岁、已婚有子女且学历为专科或本科的人群，对赛事的满意度和社会影响力评价偏低。该群体是家庭的重要支柱，尤其在生活工作压力大的情况下，对线上的群体赛事满意度偏低也在情理之中。但同时，这类群体也是各类运动的重要客户群体，在今后活动中应加强对他们的宣传，提供更加优质的参赛项目和特色服务，增强全民参与的兴趣。具体结果如表 13-3-9、表 13-3-10、表 13-3-11 和表 13-3-12 所示，读者可以自行解读。

表 13-3-9　性别

指标		频数	百分比	有效百分比	累积百分比
有效	男	104	58.8%	58.8%	58.8%
	女	73	41.2%	41.2%	100.0%
	合计	177	100.0%	100.0%	—

表 13-3-10　年龄

指标		频数	百分比	有效百分比	累积百分比
有效	41～50 岁	50	28.2%	28.2%	28.2%
	31～40 岁	48	27.1%	27.1%	55.4%
	21～30 岁	34	19.2%	19.2%	74.6%
	51～60 岁	23	13.0%	13.0%	87.6%
	21 岁以下	22	12.4%	12.4%	100.0%
	合计	177	100.0%	100.0%	—

表 13-3-11 婚姻状况

	指标	频数	百分比	有效百分比	累积百分比
有效	已婚有子女	115	65.0%	65.0%	65.0%
	已婚无子女	31	17.5%	17.5%	82.5%
	未婚	31	17.5%	17.5%	100.0%
	合计	177	100.0%	100.0%	—

表 13-3-12 学历

	指标	频数	百分比	有效百分比	累积百分比
有效	本科	88	49.7%	49.7%	49.7%
	大专	32	18.1%	18.1%	67.8%
	高中/中专/技校	31	17.5%	17.5%	85.3%
	硕士及以上	18	10.2%	10.2%	95.5%
	初中及以下	8	4.5%	4.5%	100.0%
	合计	177	100.0%	100.0%	—

第四节 二阶聚类在大数据挖掘中的应用

一、提出问题

以"云走齐鲁"万人线上健步走数据为例,除了参赛人员赛事总体满意度、明年参赛意愿、赛事增强居民抗疫信心、赛事增强居民体育健身意识、赛事提升城市影响力五项指标外,再引入收入水平、学历、专业程度三项分类指标,运用二阶聚类对所有样本进行聚类。

二、实现步骤

因为数据中同时存在连续型变量和分类型变量,所以要选择二阶聚类法进行聚类。

步骤 1：在工具栏"分析（A）"中的"分类（F）"中选择"二阶聚类（T）"选项，如图 13-4-1 所示。

图 13-4-1　选择"二阶聚类（T）"选项

步骤 2：在弹出的对话框中，将学历、收入水平和专业程度三项指标选入右上侧的"分类变量（V）"，将参赛人员赛事总体满意度、明年参赛意愿、赛事增强居民抗疫信心、赛事增强居民体育健身意识、赛事提升城市影响力这五项指标选入右侧的"连续变量（C）"。在"距离测量"选项中选择"对数似然（L）"作为聚类变量相似度的测量形式。在"聚类准则"选项中选择"BIC"作为判断准则。其他功能选择系统默认即可，如图 13-4-2 所示。

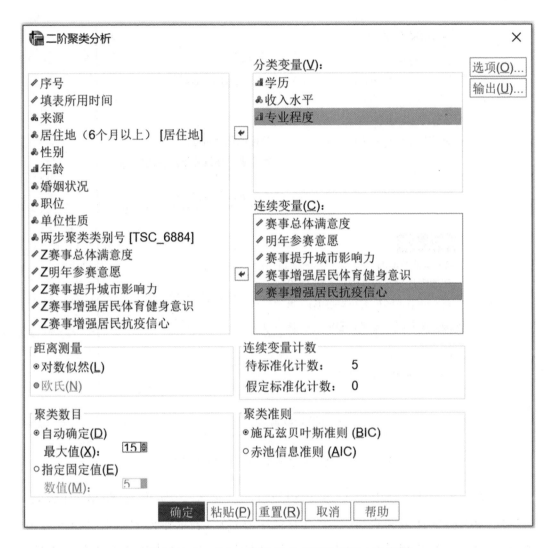

图 13-4-2 在"二阶聚类分析"对话框中的操作

步骤 3：单击"选项（O）"按钮进入"二阶聚类：选项"对话框，将"参赛人员赛事总体满意度""明年参赛意愿""赛事增强居民抗疫信心""赛事增强居民体育健身意识""赛事提升城市影响力"五项指标选入右侧的"待标准化计数（T）"对话框，将各类指标进行标准化处理，消除量纲影响。其他功能选择系统默认即可，如图 13-4-3所示。单击"继续（C）"按钮返回主对话框。

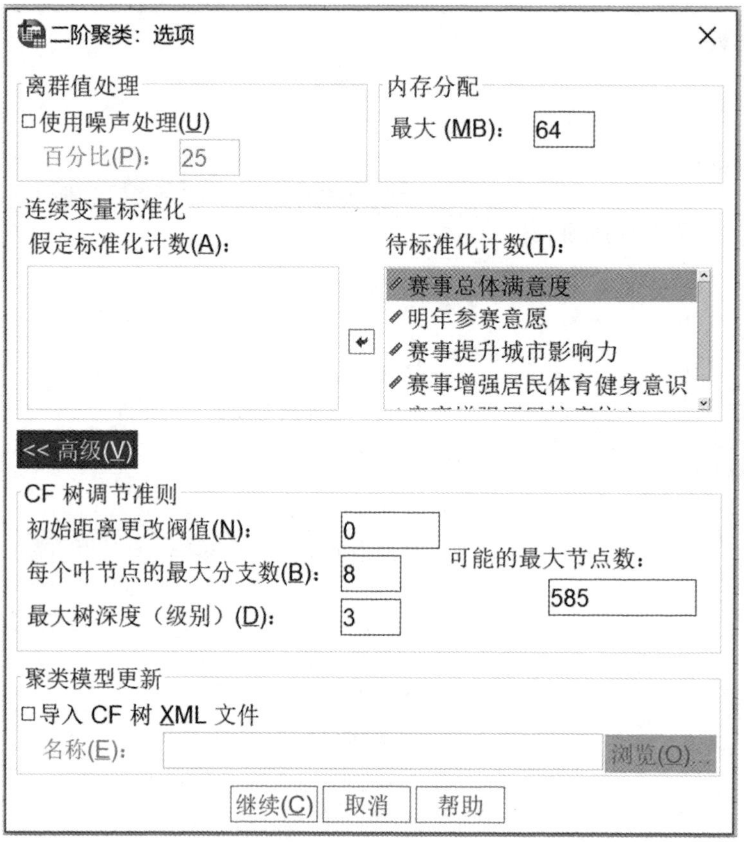

图 13-4-3　将各类指标进行标准化处理

步骤 4：在主对话框中单击"输出（U）"按钮，进入"二阶聚类：输出"对话框。在"输出"中选择"图表和表（在模型查看器中）（H）"，表示输出的结果将出现在模型查看器中，可视化程度高。在"工作数据文件"中选择"创建聚类成员变量（C）"，表示生成聚类新变量，如图 13-4-4 所示。

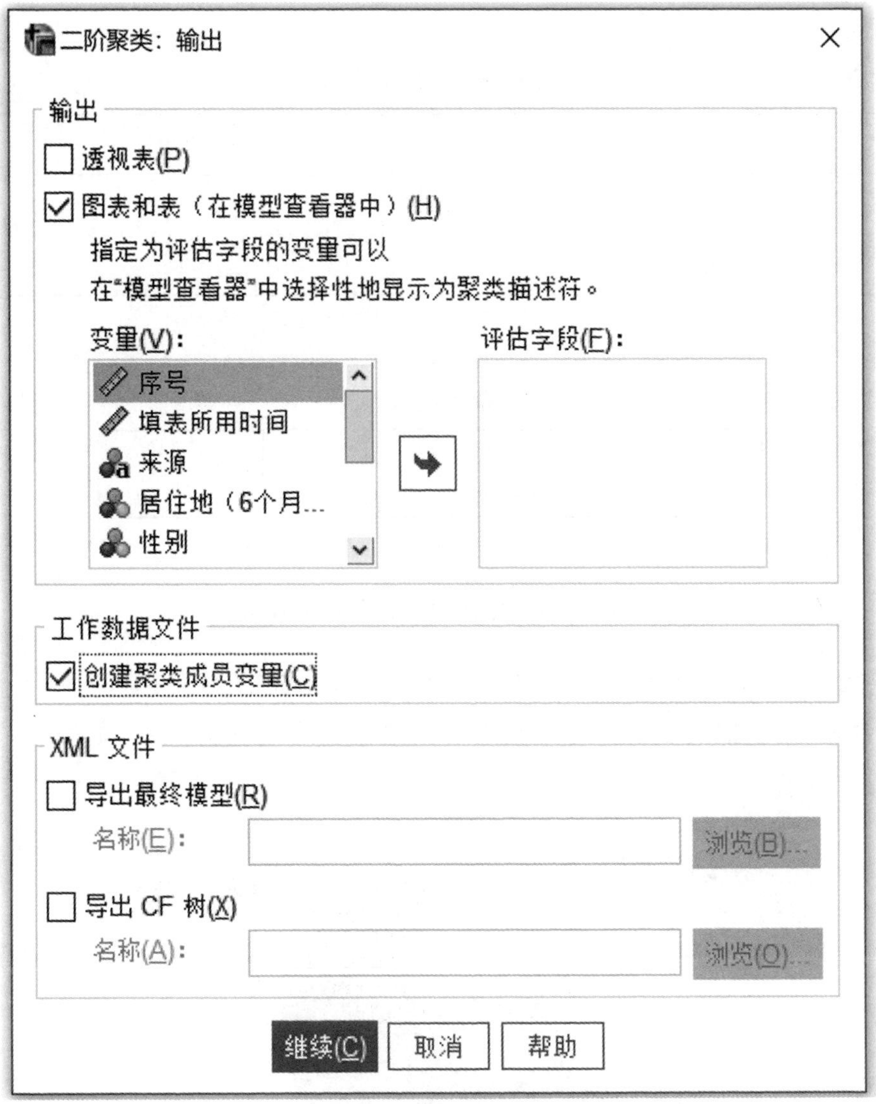

图 13-4-4 在"二阶聚类:输出"对话框中的操作

步骤 5:单击"继续(C)"按钮返回主对话框,然后单击"确定"按钮,系统自动计算并分类。

三、结果解读

模型概要显示,输入 8 个指标,最终聚类为四大类。但加入了分类变量后聚类效果一般,如表 13-4-1 和图 13-4-5 所示。

基于 SPSS 的大数据辅助科学决策方法与实践

表 13-4-1　模型概要

算法	两步
输入	8
聚类	4

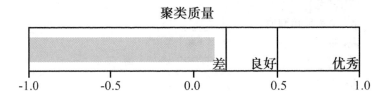

图 13-4-5　凝聚和分离的轮廓测量

系统显示,最大聚类一共有 1610 个样本,占全部的 30%;最小聚类一共有 846 个样本,占全部的 15.8%。最大聚类与最小聚类之比为 1.90,如图 13-4-6 和表 13-4-2 所示。

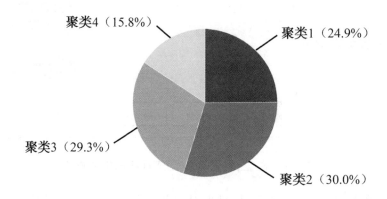

图 13-4-6　聚类饼图

表 13-4-2　最大聚类与最小聚类

指标	数据
最小聚类大小	846(15.8%)
最大聚类大小	1610(30%)
大小的比率:最大聚类比最小聚类	1.90

四、二阶聚类后深度挖掘

运用单因素方差分析,比较这四大类群体之间的实际情况。方差分析具体步骤省略,此处仅分析结果。

从分类结果看,四大类群体分别有 1336 个、1610 个、1573 个和 846 个,分类结果与 K-均值聚类有很大差异,这主要是因为引入了新的分类变量,如表13-4-3所示。

表 13-4-3　分类结果

指标		N	均值	标准差	标准误差	均值95%置信区间		极小值	极大值
						下限	上限		
赛事总体满意度	1	1336	6.38	0.945	0.026	6.33	6.43	1	7
	2	1610	6.51	0.789	0.020	6.47	6.55	3	7
	3	1573	6.13	0.996	0.025	6.08	6.18	1	7
	4	846	3.23	1.638	0.056	3.12	3.34	1	7
	总数	5365	5.85	1.559	0.021	5.81	5.89	1	7
明年参赛意愿	1	1336	6.38	0.994	0.027	6.33	6.44	1	7
	2	1610	6.51	0.793	0.020	6.47	6.55	1	7
	3	1573	6.13	0.983	0.025	6.08	6.17	1	7
	4	846	3.11	1.657	0.057	3.00	3.22	1	7
	总数	5365	5.83	1.599	0.022	5.79	5.87	1	7

指标		N	均值	标准差	标准误差	均值95%置信区间		极小值	极大值
						下限	上限		
赛事提升城市影响力	1	1336	4.40	0.758	0.021	4.36	4.44	1	5
	2	1610	4.52	0.650	0.016	4.48	4.55	1	5
	3	1573	4.27	0.740	0.019	4.23	4.30	1	5
	4	846	3.05	1.079	0.037	2.97	3.12	1	5
	总数	5365	4.18	0.930	0.013	4.16	4.21	1	5
赛事增强居民体育健身意识	1	1336	4.51	0.675	0.018	4.47	4.54	1	5
	2	1610	4.61	0.562	0.014	4.58	4.64	2	5
	3	1573	4.35	0.657	0.017	4.31	4.38	2	5
	4	846	3.14	1.071	0.037	3.07	3.21	1	5
	总数	5365	4.27	0.876	0.012	4.25	4.30	1	5
赛事增强居民抗疫信心	1	1336	4.51	0.673	0.018	4.47	4.54	1	5
	2	1610	4.59	0.587	0.015	4.56	4.61	2	5
	3	1573	4.33	0.703	0.018	4.29	4.36	2	5
	4	846	3.10	1.084	0.037	3.03	3.17	1	5
	总数	5365	4.26	0.898	0.012	4.23	4.28	1	5

单因素方差分析结果显示,各指标的显著性检验 $p = 0.000$,均小于 0.01,二阶聚类后各类别间存在显著差异,如表 13-4-4 所示。

表 13-4-4 单因素方差分析结果

指标		平方和	df	均方	F	显著性
赛事总体满意度	组间	7020.644	3	2340.215	2083.635	0.000
	组内	6021.156	5361	1.123	—	—
	总数	13041.800	5364	—	—	—

续表

指标		平方和	df	均方	F	显著性
明年参赛意愿	组间	7542.923	3	2514.308	2184.171	0.000
	组内	6171.314	5361	1.151	—	—
	总数	13714.237	5364	—	—	—
赛事提升 城市影响力	组间	1346.686	3	448.895	731.097	0.000
	组内	3291.667	5361	0.614	—	—
	总数	4638.353	5364	—	—	—
赛事增强居民 体育健身意识	组间	1353.429	3	451.143	874.665	0.000
	组内	2765.148	5361	0.516	—	—
	总数	4118.577	5364	—	—	—
赛事增强居民 抗疫信心	组间	1394.343	3	464.781	850.912	0.000
	组内	2928.258	5361	0.546	—	—
	总数	4322.600	5364	—	—	—

　　结合描述结果解读,前三类群体一共 4519 个,占全部的 84.2%,这三类群体对于五项指标的打分情况尽管彼此之间有显著差异,但总体上都高于全部样本的均值,说明 84.2% 的人对于赛事满意度高,赛事社会影响力高。

　　第四类群体共 846 个,占全部的 15.8%,这类群体对五项指标的打分情况明显低于全部样本的均值,他们对赛事满意度低,对赛事影响力认可程度低,这个比重显然高于 K-均值聚类结果。

　　选取第四类群体,通过描述功能进行细分。在 846 个样本中,从性别看,男性占 57.8%;从年龄段看,41～50 岁占比最高,达到 32.0%;从婚姻状况看,已婚占 81.4%,其中已婚有子女的占 58.9%;从学历看,专科和本科合计占 60.6%。与 K-均值聚类结果相比,除年龄指标外,其他各类指标的比重均低于 K-均值聚类结果。各类结果如表 13-4-5、表 13-4-6、表 13-4-7 和表 13-4-8 所示。

表 13-4-5　性别

	指标	频数	百分比	有效百分比	累积百分比
有效	男	489	57.8%	57.8%	57.8%
	女	357	42.2%	42.2%	100.0%
	合计	846	100.0%	100.0%	—

表 13-4-6　年龄

	指标	频数	百分比	有效百分比	累积百分比
有效	41～50 岁	271	32.0%	32.0%	32.0%
	31～40 岁	212	25.1%	25.1%	57.1%
	21～30 岁	168	19.9%	19.9%	77.0%
	51～60 岁	110	13.0%	13.0%	90.0%
	21 岁以下	69	8.2%	8.2%	98.1%
	60 岁以上	16	1.9%	1.9%	100.0%
	合计	846	100.0%	100.0%	—

表 13-4-7　婚姻状况

	指标	频数	百分比	有效百分比	累积百分比
有效	已婚有子女	498	58.9%	58.9%	58.9%
	已婚无子女	191	22.6%	22.6%	81.4%
	未婚	157	18.6%	18.6%	100.0%
	合计	846	100.0%	100.0%	—

表 13-4-8　学历

指标		频数	百分比	有效百分比	累积百分比
有效	本科	296	35.0%	35.0%	35.0%
	大专	217	25.7%	25.7%	60.6%
	高中/中专/技校	207	24.5%	24.5%	85.1%
	硕士及以上	77	9.1%	9.1%	94.2%
	初中及以下	49	5.8%	5.8%	100.0%
	合计	846	100.0%	100.0%	—

五、注意事项

不同聚类方法适用的领域各有特色,没有哪种方法更优。在进行聚类分析时,首先要明确研究目标,然后筛选评价指标,并结合不同的方法进行反复测算,最终通过定性分析选出更合适的模型。因为在现实生活中,每个个体都有多重身份和多种标签,选取的聚类指标不同,分类结果也必定不同,不必太过纠结。但如果同时存在连续型变量和分类型变量,则必须选择二阶聚类法进行聚类。

第十四章　判别分析

与聚类分析相反,判别分析是在分组已知的情况下,根据新样本的特征值判断其所属类别的方法。生活中的警察、纪检人员、中医等职业群体由于接触人众多,当他们遇到一个陌生人时,通过察其言、观其行,便可以很快将其归结于某一类群体,并判断出其未来发展的可能性,这种方法就是判别分析。

判别分析的应用极为广泛,可以用于考古学,判断文物所属时代;可以用于科考,判断新物种所属科目;等等。前面介绍的各类方法都是通过样本特征推断总体,或者按照中心极限定理,通过大量反复试验推断某一事件发生的真实概率。这类方法用于大数据分析决策非常重要,比如观测全国 14 亿人口的年龄、性别、学历等分布状况,可以有针对性地制订宏观政策。但大数据下的结论用到个人身上有时候并不实用,比如我们每天接收到垃圾邮件的概率为 50%,总不至于随机选取 50% 的邮件进行删除。为此,我们可以利用先验概率,结合垃圾邮件的变量特征进行深度学习,反复迭代,通过判别分析,精确判断一封邮件是否为垃圾邮件,节约人为筛选的时间,提高工作效率。

第一节　基本概念与原理

判别分析最常用的方法有费希尔(Fisher)判别法和贝叶斯(Bayes)判别法。费希尔判别法通过建立线性判别函数计算出各个样本在典型变量维度上的坐标,并得出样本距离各类中心的距离作为分类依据,对样本分布、方差等都没有特别限制。贝叶斯判别法要求总体呈多元正态分布,贝叶斯判别法有别于传统的频率学派,它借助于先验概率,通过引入新的样本进行迭代,得出后验概率,并用后验概率进行判别,计算样本落入不同类别的概率,概率最大的就被归为一类。

第二节　判别分析在市场营销中的应用

一、提出问题

以"云走齐鲁"万人线上健步走数据为例,问卷中有"明年参赛意愿"一项,结合年龄、性别、赛事总体满意度三项指标构建判别模型,并通过模型快速判断新用户明年的参赛意愿,有针对性地推送广告,争取吸引更多的用户参与线上活动。

二、实现步骤

步骤1:在工具栏"分析(A)"中的"分类(F)"中选择"判别式(D)"选项,如图14-2-1所示。

图 14-2-1　选择"判别式(D)"选项

步骤 2：在弹出的"判别分析"对话框中，将"明年参赛意愿(1 3)"选入右上方的"分组变量(G)"，因为问卷设计 1 表示不愿意，2 表示待定，3 表示愿意，所以在"定义范围(D)"中设定最小值为 1，最大值为 3。然后将年龄、性别、赛事总体满意度三项指标选入"自变量(I)"对话框。因为我们事前没有单独对因变量与自变量做相关性分析，所以这里选用"使用步进法(U)"，借助系统进行筛选。如果对指标关系非常清晰，知道它们之间有非常高的相关关系，也可以使用"一起输入自变量(E)"，如图 14-2-2 所示。

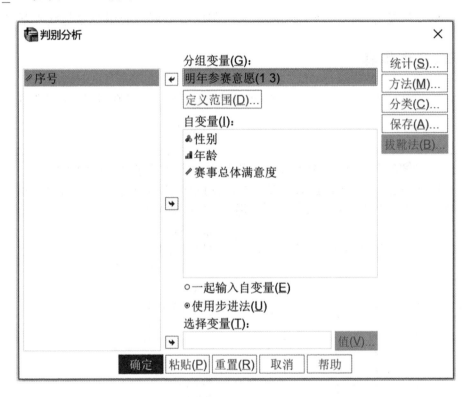

图 14-2-2　在"判别分析"对话框中的操作

步骤 3：单击右上方的"统计(S)"按钮，进入"判别分析：统计"对话框，判别分析的灵魂在于"函数系数"，用于计算并判别新样本的归类，所以这里需要选择"费希尔(F)"和"未标准化(U)"两种判别方式。其他选项可以根据需要进行选取，如图 14-2-3 所示。单击"继续(C)"按钮返回主对话框。

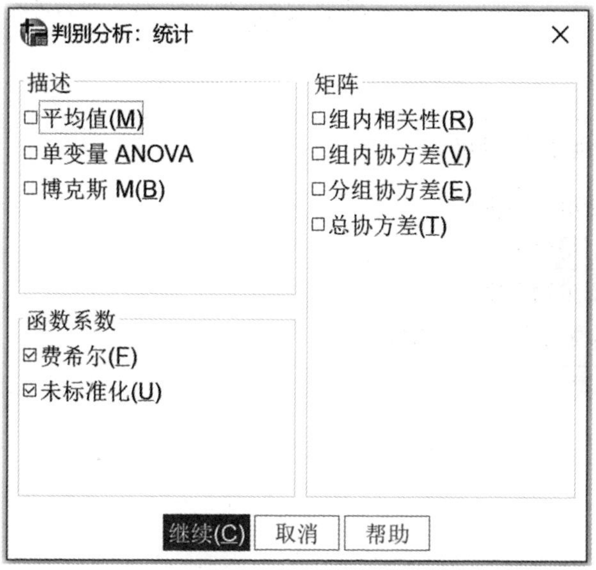

图 14-2-3　在"判别分析：统计"对话框中的操作

步骤 4：单击"分类（C）"按钮，进入"判别分析：分类"对话框，因为贝叶斯判别需要先验概率，然后逐步迭代给出后验概率，故一般选择"先验概率"中的"所有组相等（A）"，表示指定各组间先验概率相等。其他选项可以根据需要自行选取，如图 14-2-4 所示。单击"继续（C）"按钮返回主对话框。

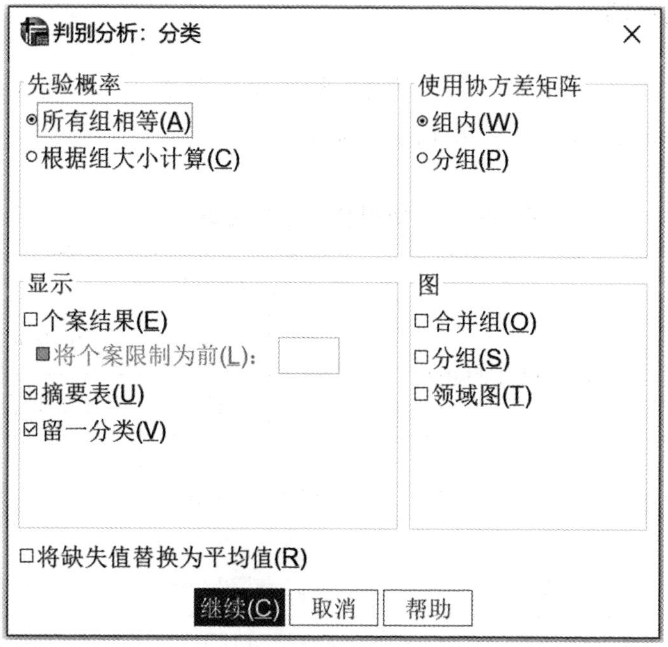

图 14-2-4　在"判别分析：分类"对话框中的操作

步骤 5：单击"保存(A)"，进入"判别分析：保存"对话框，本例全部选中，如图 14-2-5 所示。

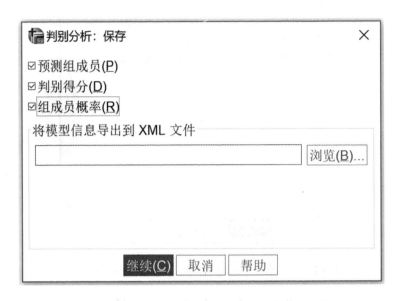

图 14-2-5　在"判别分析：保存"对话框中的操作

步骤 6：单击"继续(C)"按钮返回主对话框，再单击"确定"，系统自动计算，并给出判别结果。

三、结果解读

使用步进法的结果显示，年龄、性别、赛事总体满意度三项指标均被纳入，显著性检验 p 值均小于 0.01，如表 14-2-1 所示。

表 14-2-1　使用步进法的结果[a,b,c,d]

步骤	输入	威尔克 Lambda							
		统计	自由度 1	自由度 2	自由度 3	精确 F			
						统计	自由度 1	自由度 2	显著性
1	赛事总体满意度	0.379	1	2	5362	4400.070	2	5362	0.000
2	年龄	0.371	2	2	5362	1722.613	4	10722	0.000
3	性别	0.370	3	2	5362	1152.427	6	10720	0.000

注:在每个步骤中,将输入可以使总体威尔克 Lambda 最小化的变量。

　　a.最大步骤数为 6。

　　b.要输入的最小偏 $F=3.84$。

　　c.要除去的最大偏 $F=2.71$。

　　d.F 级别、容差或 VIN 不足,则无法进行进一步的计算。

典则判别函数摘要结果显示,系统建立了两个判别函数,其中第一个函数可以解释总体信息的 98.7%,第二个函数可以解释剩余的 1.3%,如表 14-2-2 所示。

表 14-2-2　典则判别函数摘要结果

函数	特征值	方差百分比	累积百分比	典型相关性
1	1.647[a]	98.7%	98.7%	0.789
2	0.022[a]	1.30%	100.0%	0.147

注:a.在分析中使用了前两个典则判别函数。

威尔克 Lambda 结果显示,系统建立的两个判别函数均有统计学意义,显著性检验 p 值均小于 0.01,如表 14-2-3 所示。

表 14-2-3　威尔克 Lambda 结果

函数检验	威尔克 Lambda	卡方	自由度	显著性
1 直至 2	0.370	5336.873	6	0.000
2	0.978	117.488	2	0.000

标准化典则判别函数系数给出了标准化后的判别函数方程,如表 14-2-4 所示。

表 14-2-4   标准化典则判别函数系数

	函数系数	
	1	2
性别	−0.027	0.335
年龄	0.056	0.930
赛事总体满意度	1.002	−0.011

由于标准化函数使用起来不方便,一般我们采用未标准化的函数,如表 14-2-5 所示。

表 14-2-5   典则判别函数系数

	函数系数	
	1	2
性别	−0.055	0.679
年龄	0.052	0.855
赛事总体满意度	1.044	−0.011
常量	−6.195	−3.627

根据系数得出判别函数方程为

$D_1 = -6.195 - 0.055 \times$ 性别 $+ 0.052 \times$ 年龄 $+ 1.044 \times$ 赛事总体满意度

$D_2 = -3.627 + 0.679 \times$ 性别 $+ 0.855 \times$ 年龄 $- 0.011 \times$ 赛事总体满意度

读者可将新样本的指标数据代入函数,分别计算 D_1 和 D_2 得分,并判断新引入的样本归属哪一类。然而,这样判断仍不方便,因此要引入费希尔线性判别函数。费希尔线性判别函数更为直观,其关于明年参赛意愿的判别方程为

Y(不愿意) $= -13.525 + 5.462 \times$ 性别 $+ 2.949 \times$ 年龄 $+ 2.744 \times$ 赛事总体满意度

Y(待定) $= -21.629 + 4.968 \times$ 性别 $+ 2.634 \times$ 年龄 $+ 5.390 \times$ 赛事总体满意度

$Y($愿意$)=-33.196+5.076\times$性别$+2.979\times$年龄$+7.190\times$赛事总体满意度

在具体实践中,可以将参赛人员报名表中的三个指标数据代入函数,哪类得分最高就归属哪一类。如此可以快速将其归类,对明年愿意继续参赛和态度模棱两可的群体,后续时间里可以精准推送广告,增强赛事的吸引力;对于不愿意参赛的人员,当资金有限时,可以减少不必要的广告投放,如表 14-2-6 所示。

表 14-2-6   分类函数系数

	明年参赛意愿		
	不愿意	待定	愿意
性别	5.462	4.968	5.076
年龄	2.949	2.634	2.979
赛事总体满意度	2.744	5.390	7.190
常量	-13.525	-21.629	-33.196

注:本表函数为费希尔线性判别函数。

分类结果的注解显示,按照费希尔线性判别函数进行判别分析,原始数据中有83.7%的样本被正确分类,交叉验证的正确率也是83.7%,效果不错,如表14-2-7 下方的注解所示。

表 14-2-7   分类结果[a,c]

		明年参赛意愿	预测组成员信息			总计
			不愿意	待定	愿意	
原始	计数	不愿意	334	92	29	455
		待定	79	822	320	1221
		愿意	31	324	3334	3689
	百分比	不愿意	73.4%	20.2%	6.4%	100.0%
		待定	6.5%	67.3%	26.2%	100.0%
		愿意	0.8%	8.8%	90.4%	100.0%

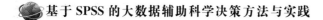

续表

交叉验证[b]		明年参赛意愿	预测组成员信息			总计
			不愿意	待定	愿意	
	计数	不愿意	334	92	29	455
		待定	79	822	320	1221
		愿意	31	324	3334	3689
	百分比	不愿意	73.4%	20.2%	6.4%	100.0%
		待定	6.5%	67.3%	26.2%	100.0%
		愿意	0.8%	8.8%	90.4%	100.0%

注:a.正确地对 83.7% 的原始已分组个案进行了分类。

b.仅针对分析中的个案进行交叉验证。在交叉验证中,每个个案都由那些从该个案以外的所有个案派生的函数进行分类。

c.正确地对 83.7% 的进行了交叉验证的已分组个案进行了分类。

之前我们已经分析过,因为人类有自我意识,有趋利避害的本性,所以人的行为习惯最难预测,判别分类能达到 80% 以上的精确度已经非常不错。判别分析用于生物、医疗研究的精确度能达到 95% 以上,甚至达到 99%,主要是因为物种的特征不以人的意志为转移,可以真实、准确地开展判别分类。

第十五章　降维分析

在开展经济社会全领域综合评价的过程中,往往需要很多指标才能全面反映总体发展特征。指标越多,所包含的信息量就越大,可供决策的依据也越多。但同时,数据维度也会越来越高,因此指标不是越多越好。比如对经济社会发展进行综合考核排名,只有一个指标时最简单,只需要按照高低排序即可,如果多项指标同时纳入考核范围,评估评价就会变得非常棘手。

单一指标不能全面反映一个地区的实际情况,多指标分析又存在计量单位不统一、量纲不同级以及变量之间交互相关等多重影响,进而给综合评价解释带来阻碍,因此需要对指标进行降维处理。

第一节　基本概念与原理

降维分析就是将相关的指标进行融合,提取其中的关键有效信息,去除噪声和不重要的特征,降低指标数量,从而提升数据处理速度,提升综合解释能力。降维虽然会损失部分信息,但能为我们节省大量时间和成本。降维分析主要包括主成分分析、因子分析、综合指数法。下面着重讲述因子分析和综合指数法。

一、因子分析

因子分析最早由英国心理学家斯皮尔曼(C. E. Spearman)在 20 世纪初提出,其原理是以较少的信息损失为代价,把一些具有错综复杂关系的指标变量浓缩提炼成几个内部高度相关,而彼此之间又不相关的综合因子。这些综合因子的个数远少于原始变量的个数,但包含了绝大部分原始信息,用其作为新的解释变量去建模,有更好的解释性。

因子分析的基本步骤包括四步:第一步,确定原变量是否适合做因子分析;第二步,构建因子变量;第三步,进行因子旋转,使因子变量更具解释性;第四步,利用因子方差贡献率计算综合得分,然后进行综合排名。

二、综合指数法

综合指数法是通过专家评价,按照总分 100 分来确定各项指标的权重,再将众多指标数据标准化后与权重相乘汇总,计算综合得分并进行排名。该方法通过人为调整指标权重,能够直观体现决策导向,通俗易懂。

综合指数法的基本步骤主要包括五部分:第一步,建立综合评价指标体系,根据评估评价的价值导向,合理选取指标。但指标必须可获取、可对比,口径统一,不能任意设计。第二步,确定不同指标的权重,所有指标的权重之和为 100。确定指标权重时,要充分结合国家和省里的工作目标,凸显价值导向,不能唯 GDP 论、唯财政论,要做到总量均衡、统筹兼顾。第三步,对指标数据进行标准化处理,如果存在反向指标,需要进行同向处理。第四步,按照权重计算各项指标的标准得分,然后将各指标的标准得分相加计算综合得分,并进行排序。第五步,在综合排序的基础上,结合原始数据进行细分解读,客观真实地评价各自的综合水平。

第二节　因子分析在公共数据开放评价中的应用

一、提出问题

推进政务数据资源开放共享是建设数字中国的重要内容。复旦大学联合国家信息中心数字中国研究院发布的"2021 年中国开放数林指数"中,山东省表现优异,综合指数达到 66.1,在全国排名第二位。但同时也应看到,山东所辖 16 市的公共数据开放水平参差不齐。从数据开放量看,2021 年威海市开放了 14 亿条数据,而枣庄市仅开放了 24 万条数据,相差 5832 倍。鉴于山东省 16 市的数据开放水平差异明显,故可通过因子分析对各项观测指标进行降维处理,凝练公因子并开展综合评价,研究不同城市的特点,提供靶向治疗方案,为山东省各市开放公共数据提供参考借鉴。

二、构建山东省 16 市数据开放综合评价指标体系

结合山东公共数据开放网提供的数据,选取 16 市的开放部门和单位量 (X_1)、数据开放量(X_2)、无条件开放目录量(X_3)、市直部门开放目录量(X_4)、数据接口(X_5)、创新应用(X_6)、平台访问量(X_7)、数据下载量(X_8)这 8 个指标。此外,考虑到地方数据开放应用与当地企业量,尤其是与从事电子商务活动的企业量高度相关,且数据开放应用的基础设施建设离不开地方财政投入,由于缺乏数字政府投入的具体数据,所以采用财政支出中的一般公共服务支出来代替。据此,又引入法人单位数量(X_9)、有电子商务交易活动的企业个数(X_{10})、一般公共服务支出(X_{11})这 3 个经济类指标。相关指标如表 15-2-1 所示。

表 15-2-1 相关指标

序号	市	开放部门和单位量/个	数据开放量/万条	无条件开放目录量/个	市直部门开放目录量/个	数据接口/条	创新应用/个	平台访问量/次	数据下载量/次	法人单位数量/个	有电子商务交易活动的企业个数/个	一般公共服务支出/万元
1	济南市	62	3377	8997	2353	4160	32	2754033	624587	285944	822	1277571
2	青岛市	48	5547	9135	3110	5617	32	3853971	665319	427061	2651	1845286
3	淄博市	105	163	10057	1373	1990	20	409942	265310	114573	748	533791
4	枣庄市	48	24	5432	1806	424	0	459872	118862	62031	123	301052
5	东营市	67	4486	10420	2263	2574	19	1017855	415223	51023	410	384527
6	烟台市	57	7001	12723	3472	10000	34	1758740	723360	200567	561	779845
7	潍坊市	42	785	5924	844	6463	5	1061616	323340	229327	392	728438
8	济宁市	66	30000	10800	1809	1434	5	601230	253794	177396	389	716363
9	泰安市	69	3590	12039	3035	2948	19	459960	402182	72766	200	363152
10	威海市	98	140000	9420	2939	8555	25	1766522	693744	78757	244	333590
11	日照市	51	9649	4761	2379	1159	13	502341	443475	69645	175	272085

序号	市	开放部门和单位量/个	数据开放量/万条	无条件开放目录量/个	市直部门开放目录量/个	数据接口/条	创新应用/个	平台访问量/次	数据下载量/次	法人单位数量/个	有电子商务交易活动的企业个数/个	一般公共服务支出/万元
12	临沂市	34	2381	9744	1420	3617	62	1183139	387978	178389	437	661724
13	德州市	66	10000	7397	1179	2726	4	2344358	316571	91383	285	406047
14	聊城市	35	9887	12165	2425	5286	10	492385	249734	90489	158	480294
15	滨州市	54	40000	10024	1910	1690	14	630031	467963	85354	225	351894
16	菏泽市	50	968	5995	1325	3342	10	512034	243712	94645	528	510625

三、数据标准化处理

由于 11 项指标的性质不同,量纲差别较大,且部分指标的方差极大,为消除量纲影响,本例采用 SPSS 统计软件默认的 Z-score 标准化方法对原始数据进行标准化处理。标准化公式为

$$Z = \frac{x - \mu}{\sigma}$$

式中,x 为指标值,μ 为均值,σ 为标准差。

四、因子分析

（一）实现步骤

步骤 1:在工具栏"分析（A）"中的"降维（D）"中选取"因子（F）"选项,如图 15-2-1 所示。

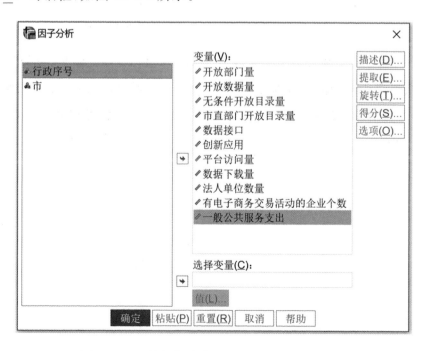

图 15-2-1　选取"因子(F)"选项

步骤 2:在弹出的"因子分析"对话框中,将左侧的 11 项指标全部选入右侧的"变量(V)"对话框,如图 15-2-2 所示。

图 15-2-2　将指标全部选入"变量(V)"对话框

步骤 3:单击"描述(D)"按钮,进入"因子分析:描述"对话框,在统计量中选择"初始解(I)",输出的是因子提取前每个变量用其他变量做预测因子的载荷平方和。在"相关性矩阵"中选择"KMO 和巴特利特球形度检验",该指标用于检验是否适合做因子分析,取值为 0~1,一般大于 0.7 效果最好,低于 0.5 则不适合做因子分析,如图 15-2-3 所示。然后单击"继续(C)"按钮返回主对话框。

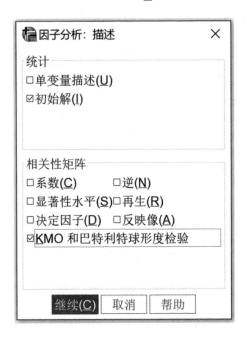

图 15-2-3　选择"KMO 和巴特利特球形度检验"

步骤 4:在主对话框中单击"提取(E)"按钮,进入"因子分析:提取"对话框,SPSS 一共提供了七种因子提取方法,其中最常用的是主成分法,该方法假定原变量是因子变量的线性组合,第一主成分有最大方差,越往后可解释的方差越小,如图 15-2-4 所示。

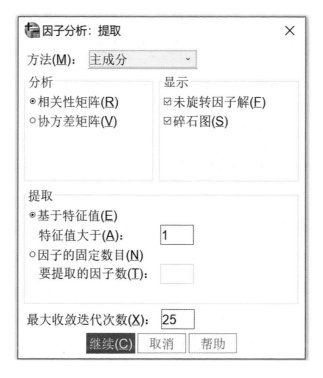

图 15-2-4 在"因子分析:提取"对话框中的操作

在"分析"对话框中选择"相关性矩阵(R)"。此处应当特别注意,用 SPSS 做因子分析时,默认是基于"相关性矩阵(R)"提取公因子,在计算和输出相关系数时,软件自动对变量数据进行标准化处理,消除量纲影响,因此不需要提前做标准化处理。如果选择基于"协方差矩阵(V)"提取公因子,应当提前对变量数据做标准化处理。

在"显示"对话框中选择"未旋转因子解(F)"和"碎石图(S)"两项指标。前者表示输出未经旋转的因子载荷矩阵,后者表示输出因子与其特征值的碎石图,按照特征值大小排序。

在"提取"对话框中选择"基于特征值(E)",特征值大于 1,表示只提取因子特征值大于 1 的因子。然后单击"继续(C)"按钮返回主对话框。

步骤 5:在主对话框中选择"旋转(T)"按钮,进入"因子分析:旋转"对话框。在方法中选择"最大方差法(V)",使每个变量尽可能在一个因子上有较高的载荷,而在其他的因子上载荷较小。在"显示"对话框中选择"旋转后的解(R)"和"载荷图(L)"。"旋转后的解(R)"表示输出的结果是旋转后的因子矩阵和因子转换矩阵。因为开展因子分析不仅要找出因子,还要解释每个因子的现实意义,而旋转后的因子结构简化,更方便解释命名。"载荷图(L)"表示输出载荷散点图,如图 15-2-5 所示。单击"继续(C)"按钮返回主对话框。

图 15-2-5　在"因子分析:旋转"对话框中的操作

步骤 6:在主对话框中单击"得分(S)"按钮进入"因子分析:因子得分"对话框。选择"保存为变量(S)",将因子得分作为新变量保存在数据文件中;方法选择"回归(R)",如图 15-2-6 所示。单击"继续(C)"按钮返回主对话框。

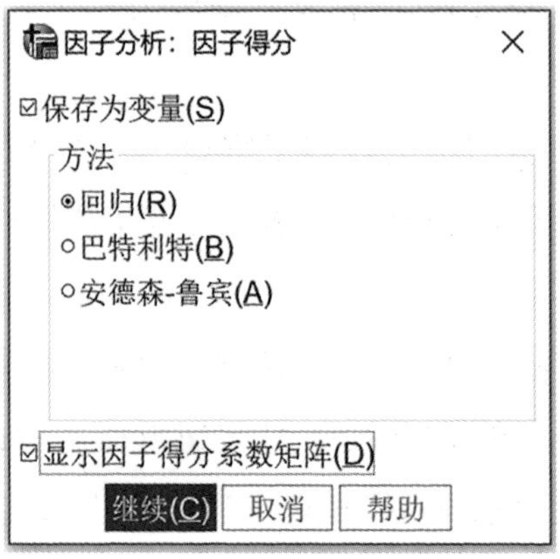

图 15-2-6　方法选择"回归(R)"

步骤 7:在主对话框中单击"选项(O)"按钮,进入"因子分析:选项"对话框,在"系数显示格式"中选择"按大小排序(S)",表示载荷系数按照大小排序,使得变量在同一因子上具有较高载荷的排列在一起,便于解释和命名,如图 15-2-7 所示。单击"继续(C)"按钮返回主对话框,再单击"确定",系统自动计算并给出结果。

图 15-2-7 将载荷系数按照大小排序

(二)结果解读

KMO 检验和巴特利特(Bartlett)检验显示,KMO=0.663>0.5,适合做因子分析。但毕竟小于 0.7,因此需要借助假设检验进行判定。巴特利特球形度检验 $p=0.000$,小于 0.01 的检验水平,拒绝原假设,各变量的独立性假设不成立。综合结果显示,通过因子分析对山东省 16 市的数据开放水平开展综合评价效果较好,能够真实反映各市的综合水平,如表 15-2-2 所示。

表 15-2-2 KMO 和巴特利特检验结果

指标		数据
取样足够度的 KMO 度量		0.663
巴特利特球形度检验	近似卡方	114.104
	df	55
	Sig.	0.000

解释的总方差结果显示,对指标采用主成分分析法和最大方差正交旋转法后,提取初始特征值大于 1 的三个主成分作为因子,三个因子的累积方差贡献率达到 75.505%,即能够解释原先指标变量 75.505% 的信息,效果尚可。其中第一因子的初始特征值为 4.763,方差贡献率为 43.299%,表示该因子能解释所有统计指标 43.299% 的信息。其他因子解读以此类推,如表 15-2-3 所示。

表 15-2-3 解释的总方差

成份	初始特征值			提取平方和载入			旋转平方和载入		
	合计	方差的百分比	累积百分比	合计	方差的百分比	累积百分比	合计	方差的百分比	累积百分比
1	4.763	43.299%	43.299%	4.763	43.299%	43.299%	3.906	35.511%	35.511%
2	2.397	21.791%	65.090%	2.397	21.791%	65.090%	2.602	23.655%	59.166%
3	1.146	10.415%	75.505%	1.146	10.415%	75.505%	1.797	16.339%	75.505%
4	0.838	7.619%	83.124%	—	—	—	—	—	—
5	0.644	5.853%	88.978%	—	—	—	—	—	—
6	0.497	4.517%	93.494%	—	—	—	—	—	—
7	0.298	2.711%	96.205%	—	—	—	—	—	—
8	0.210	1.907%	98.112%	—	—	—	—	—	—
9	0.131	1.188%	99.300%	—	—	—	—	—	—
10	0.067	0.610%	99.910%	—	—	—	—	—	—
11	0.010	0.090%	100.000%	—	—	—	—	—	—

注:提取方法为主成分分析。

碎石图显示,前三个因子的特征值较高,第四个因子之后特征值变化趋于平缓,进一步验证提取的三个因子对原变量有较高的解释作用,如图 15-2-8 所示。

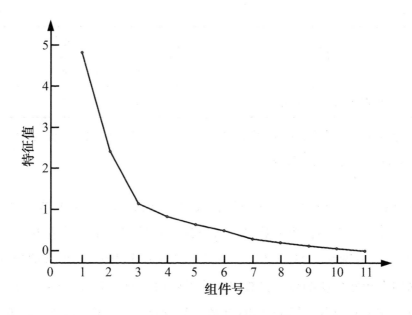

图 15-2-8　碎石图

经最大方差旋转后的成分矩阵如表 15-2-4 所示。

表 15-2-4　旋转成分矩阵[a]

指标	成分		
	F_1	F_2	F_3
一般公共服务支出(X_{11})	0.937	0.181	−0.195
法人单位数量(X_9)	0.928	0.164	−0.198
有电子商务交易活动的企业个数(X_{10})	0.906	0.096	−0.083
平台访问量(X_7)	0.888	0.189	0.173
无条件开放目录量(X_3)	−0.126	0.827	−0.022
市直部门开放目录量(X_4)	0.181	0.752	0.246
创新应用(X_6)	0.327	0.655	−0.145
数据下载量(X_8)	0.520	0.644	0.412
数据接口(X_5)	0.332	0.607	0.306
数据开放量(X_2)	−0.094	0.191	0.868

指标	成分		
	F_1	F_2	F_3
开放部门和单位量(X_1)	-0.110	0.010	0.765

注:提取方法为主成分分析法,旋转法具有 Kaiser 标准化的正交旋转法。

　　a.旋转在 5 次迭代后收敛。

　　结果显示,第一个因子 F_1 在一般公共服务支出(X_{11})、法人单位数量(X_9)、有电子商务交易活动的企业个数(X_{10})、平台访问量(X_7)这四个指标上拥有较高载荷,载荷系数分别为 0.937、0.928、0.906 和 0.888,均接近 1,提取的指标信息非常高。这四个指标反映的是公共数据开放平台的访问情况、市场主体参与情况以及地方政府在公共服务领域的支出(含数字政府投入),结合国家"十四五"规划的有关内容,这四个指标可以归纳为数据的"开放生态"。

　　第二个因子 F_2 在无条件开放目录量(X_3)、市直部门开放目录量(X_4)、创新应用(X_6)、数据下载量(X_8)、数据接口(X_5)这五个指标上拥有较高载荷,载荷系数分别为 0.827、0.752、0.655、0.644 和 0.607。这五个指标可以归纳为数据的"开放质量"。

　　第三个因子 F_3 在数据开放量(X_2)、开放部门和单位量(X_1)这两个指标上拥有较高的载荷,载荷系数分别为 0.868 和 0.765,这两个指标可以归纳为数据的"开放能力"。

　　根据旋转成分矩阵显示的得分系数,三个因子的得分函数分别为

$$F_1 = -0.11X_1 - 0.094X_2 - 0.126X_3 + 0.181X_4 + 0.332X_5 + 0.327X_6 + 0.888X_7 + 0.52X_8 + 0.928X_9 + 0.906X_{10} + 0.937X_{11}$$

$$F_2 = 0.01X_1 + 0.191X_2 + 0.827X_3 + 0.752X_4 + 0.607X_5 + 0.655X_6 + 0.189X_7 + 0.644X_8 + 0.164X_9 + 0.096X_{10} + 0.181X_{11}$$

$$F_3 = 0.765X_1 + 0.868X_2 - 0.022X_3 + 0.246X_4 + 0.306X_5 - 0.145X_6 + 0.173X_7 + 0.412X_8 - 0.198X_9 - 0.083X_{10} - 0.195X_{11}$$

　　因为单一因子也不能对山东省 16 市作出全面评价,因此按照因子的方差贡

献率,按总体75.505%的比重设定权重,计算综合得分 F,公式为

$$F = \frac{43.299F_1 + 21.791F_2 + 10.415F_3}{75.505}$$

根据公式计算,山东省16市数据开放的三个维度以及综合得分情况如表15-2-5所示。

表 15-2-5 山东省16市数据开放的三个维度以及综合得分情况

市	开放生态	开放质量	开放能力	综合得分
青岛市	3.07775	0.24334	−0.25625	1.80
济南市	1.34378	0.22718	−0.05094	0.83
烟台市	0.1395	2.21118	−0.11289	0.70
威海市	−0.14001	0.69556	3.26884	0.57
临沂市	−0.09797	0.8855	−1.52044	−0.01
潍坊市	0.49411	−1.14608	−0.3558	−0.10
德州市	0.1221	−1.22696	0.4692	−0.22
济宁市	−0.25281	−0.3983	−0.00281	−0.26
淄博市	−0.28177	−0.56633	0.45261	−0.26
东营市	−0.6056	0.31012	−0.07377	−0.27
泰安市	−0.99903	1.0222	−0.25177	−0.31
滨州市	−0.64542	0.05493	0.15421	−0.33
聊城市	−0.94696	0.85419	−0.98473	−0.43
菏泽市	−0.15828	−1.06825	−0.35755	−0.45
日照市	−0.43279	−0.71949	0.04432	−0.45
枣庄市	−0.61661	−1.3788	−0.42224	−0.81

注:指标数据标准化后的变量值围绕0上下波动,大于0说明高于平均水平,小于0说明低于平均水平。

为更加直观地了解综合得分情况,将标准化的 Z 分数转化为 T 分数,公式为

$$T=10Z+50$$

转换为 T 分数后,按照综合得分的高低排序,最新结果如表 15-2-6 所示。

表 15-2-6　按照综合得分高低排序的最新结果

市	开放生态	开放质量	开放能力	综合得分	位次
青岛市	80.78	52.43	47.44	68.00	1
济南市	63.44	52.27	49.49	58.29	2
烟台市	51.40	72.11	48.87	57.03	3
威海市	48.60	56.96	82.69	55.71	4
临沂市	49.02	58.86	34.80	49.90	5
潍坊市	54.94	38.54	46.44	49.04	6
德州市	51.22	37.73	54.69	47.81	7
济宁市	47.47	46.02	49.97	47.40	8
淄博市	47.18	44.34	54.53	47.37	9
东营市	43.94	53.10	49.26	47.32	10
泰安市	40.01	60.22	47.48	46.87	11
滨州市	43.55	50.55	51.54	46.67	12
聊城市	40.53	58.54	40.15	45.68	13
菏泽市	48.42	39.32	46.42	45.52	14
日照市	45.67	42.81	50.44	45.50	15
枣庄市	43.83	36.21	45.78	41.90	16

五、因子分析结果深度挖掘

青岛市综合得分 68 分,位列山东省第 1 位,其中开放生态得分 80.78,排名山东省第 1 位。从具体指标项看,开放生态主要包括一般公共服务支出、法人单位数量、有电子商务交易活动的企业个数三个经济类指标和平台访问量一个公共数据开放指标。青岛市经济发达,三个经济类指标均在山东省排名第1位,因此拉升开放生态公因子整体跃居全省第一。通过细分可见,青岛市虽然总排名居山东省第1位,但在公共数据的开放能力方面明显偏弱,其中开放部门和单位量、无条件开放目录量、数据开放量三个指标在全省分别居第12位、第10位和第8位,不过平台访问量、数据下载量、市直部门开放数据目录量、创新应用等指标在全省位列前茅,依然具备大城市应有的优势。下一步青岛市应在开放能力方面加大工作力度,重点增加开放部门和单位的数量,提高无条件开放目录的比重,增加数据开放量。

济南市综合得分居山东省第2位,其中开放生态、开放质量、开放能力的位次分别居全省第2位、第8位和第7位。济南市的情况与青岛市类似,均得益于综合经济实力较强。从具体指标项看,数据开放量和无条件开放目录量均位列全省第11位,市直部门开放目录量和数据接口分别位列全省第7位和第6位,与省会城市的标签极不匹配,这也是今后济南市重点攻坚的方向。

烟台市综合得分居山东省第3位,其中开放生态、开放质量、开放能力的位次分别为第4位、第1位和第9位,各维度的发展水平相对均衡,开放质量尤为显著。其中,无条件开放目录量、市直部门开放目录量、数据接口、数据下载量四个指标位列全省第1位,创新应用位列全省第2位,以绝对优势拉升开放质量跃居全省第1位。但开放能力偏弱,其中开放部门和单位量、数据开放量分别居全省第8位和第7位。烟台市在今后工作中应当继续保持开放质量的优势,同时重点增加开放部门和单位的数量,扩大数据开放量,提升数据开放能力。

威海市综合得分居山东省第4位,其中开放生态、开放质量、开放能力的位次分别为第7位、第5位和第1位,各维度的发展水平相对均衡,其中开放能力尤为显著。从具体指标看,开放部门和单位量、数据开放量位居全省第1位,以绝对优势拉升开放能力跃居全省第1位。此外数据接口、数据下载量位居全省第2位,对开放质量也有极大的提升作用。不过无条件开放目录量、创新应用分别位居全省第9位和第5位。下一步威海市应加大创新应用开发,不断提高无条件开放目录量,提升开放生态和开放质量。

除上述城市外,其他12个市各有特色。其中潍坊市的数据开放生态全省排名第3位,但开放部门和单位量、数据开放量、无条件开放目录量、创新应用四项指标均排全省第 14 位,市直部门开放目录量更是排在全省第 16 位,导致总排名居全省第 6 位。下一步潍坊市需要在开放质量和开放生态两方面集中发力。

德州市的表现较为出众,总分排名居山东省第 7 位。其中开放能力和开放生态全省排名分别为第 2 位和第 5 位。从具体指标来看,平台访问量和数据开放量分别居全省第 3 位和第 4 位。

淄博市也有不俗表现,综合排名居山东省第 9 位,其中开放能力居全省第 3 位,主要得益于开放部门和单位量居全省第 2 位。但同时也应看到,淄博市的平台访问量、数据开放量、市直部门开放目录量分别居全省第 16 位、第 15 位和第 13 位,数据接口、数据下载量均居全省第 12 位,开放质量严重不足。下一步淄博市应加大工作力度,提高数据开放量和接口量,同时加大宣传推广力度,提升公共数据开放网的知名度和使用效率。

泰安市的数据开放质量全省排名第 2 位,尤其是无条件开放目录量、市直部门开放目录量两项指标均居全省第 3 位,但平台访问量、数据接口和数据下载量分别居全省第 14 位、第 9 位和第 8 位,导致总排名居全省第 11 位。泰安市今后需要加大宣传力度,提升公共数据开放网的知名度和使用效能。

第三节　综合指数法在高质量发展评价中的应用

一、提出问题

经济由高速增长阶段转向高质量发展阶段是新时代我国经济发展的基本特征。2017 年召开的中央经济工作会议上强调,推动高质量发展是当前和今后一个时期确定发展思路、制定经济政策、实施宏观调控的根本要求,必须加快形成推动高质量发展的指标体系、政策体系、标准体系、统计体系、绩效评价、政绩考核,创建和完善制度环境,推动我国经济在实现高质量发展上不断取得新进展。

"十四五"时期是山东省加快新旧动能转换,推动高质量发展的关键五年。在这关键的历史时刻,立足山东省 16 市经济社会发展实际,围绕创新、协调、绿色、开放、共享的五大发展理念,构建高质量发展评价指标体系,开展综合指数评估评价具有重要意义。

二、构建指标体系

构建指标体系的基本思路是：充分考虑经济指标的复杂性和多样性，按照可比、可操作、可获取原则，在综合分析和咨询专家的基础上，紧紧围绕创新、协调、绿色、开放、共享五大发展理念，选取 53 项指标构建了综合评价指标体系。五大发展理念是不可分割的整体，相互联系、相互贯通、相互促进，要一体坚持、一体贯彻，不能顾此失彼，也不能相互替代。指标体系按照百分制赋予权重，平均分为 20 分。但考虑到指标获取量有所不同，初步设计创新 24 分、协调 24 分、绿色 14 分、开放 14 分、共享 24 分，如表 15-3-1 所示。

表 15-3-1 统计指标体系与赋分权重

类别	序号	指标	权重	取值方向
创新（24）	1	互联网宽带接入用户/万户	2	+
	2	有电子商务交易活动企业占比/%	2	+
	3	电子商务销售额/万元	2	+
	4	研发经费支出合计/万元	3	+
	5	科学研究与技术服务业就业人数/万人	2	+
	6	发明专利授权量/件	2	+
	7	累计制修订地方标准数量/个	2	+
	8	上市公司/家	2	+
	9	新三板挂牌公司/家	3	+
	10	驰名商标期末实有数/件	2	+
	11	年末累计省长质量奖个数/个	2	+

类别	序号	指标	权重	取值方向
协调(24)	12	GDP 增速/%	2	+
	13	农业机械总动力/千瓦	2	+
	14	粮食产量/吨	2	+
	15	规模以上工业企业数/个	2	+
	16	规模以上工业企业利润总额/亿元	2	+
	17	第三产业增加值占 GDP 比重/%	2	+
	18	一般公共预算收入与 GDP 之比/%	2	+
	19	税收入占一般公共预算收入的比重/%	2	+
	20	城乡居民收入比(农村居民收入为 1)	2	—
	21	民间固定资产投资增速/%	2	+
	22	社会消费品零售总额/亿元	2	+
	23	亿元以上商品交易市场个数/个	1	+
	24	年末金融机构贷款余额/亿元	1	+
绿色(14)	25	万元 GDP 能耗比上年下降幅度/%	2	+
	26	规模以上工业万元增加值能耗比上年下降幅度/%	2	+
	27	废水排放量/万吨	2	—
	28	化学需氧量排放量/吨	2	—
	29	城市生活垃圾无害化处理量/万吨	2	+
	30	城市园林绿化覆盖面积/公顷	2	+
	31	人均公园绿地面积/平方米	2	+

类别	序号	指标	权重	取值方向
开放(14)	32	出口总值/万美元	2	＋
	33	进口总值/万美元	2	＋
	34	外商直接投资新设企业数/个	2	＋
	35	实际使用外资/万美元	2	＋
	36	境外投资企业数/个	2	＋
	37	对外实际投资额/万美元	2	＋
	38	接待外国旅游人数/人次	1	＋
	39	入境旅游外汇收入/万美元	1	＋
共享(24)	40	全体居民人均可支配收入/元	2	＋
	41	全体居民人均消费支出/元	2	＋
	42	一般公共服务支出/亿元	2	＋
	43	城镇化率/％	2	＋
	44	公共交通运营线路总长度/千米	2	＋
	45	城镇登记失业率/％	2	－
	46	普通中学专任教师数/人	2	＋
	47	居民基本养老保险参保人数/万人	2	＋
	48	医疗保险参保人数/万人	2	＋
	49	公共图书馆数量/个	1	＋
	50	卫生机构数量/个	1	＋
	51	医院床位数/张	1	＋
	52	养老机构数量/个	1	＋
	53	火灾事故直接经济损失/万元	2	－

三、指标设计理念

（一）创新领域

创新是引领发展的第一动力，着力解决经济发展动力问题，从数字经济、创新能力和质量强省三个角度，共设计 11 项指标。其中，在数字经济领域，选取互联网宽带接入用户、有电子商务交易活动企业占比、电子商务销售额 3 项指标。在创新能力方面选择了研发经费支出合计、科学研究与技术服务业就业人数、发明专利授权量、累计制修订地方标准数量、上市公司、新三板挂牌公司 6 项指标。在质量强省方面选择了驰名商标期末实有数、年末累计省长质量奖个数 2 项指标。

（二）协调领域

协调发展注重的是解决发展不平衡问题，是经济社会持续健康发展的内在要求，从供给侧改革、经济发展效益、城乡协调、实体经济等领域，一共设计 13 项指标。其中，在供给侧领域主要选择 GDP 增速，以及一产的农业机械总动力、粮食产量，二产的规模以上工业企业数、规模以上工业企业利润总额，三产的第三产业增加值占 GDP 比重；为避免唯 GDP 论，在协调发展领域没有引入 GDP 总量。在效益优先领域主要选择一般公共预算收入与 GDP 之比、税收收入占一般公共预算收入的比重 2 项指标，体现效益协调。在城乡协调发展方面选择城乡居民收入比（设农村居民收入为 1），为负向指标，指标值越高得分越低，以此凸显城乡居民收入的协调发展，也从侧面展示乡村振兴战略的成效。在实体经济协调发展方面选择民间固定资产投资增速、社会消费品零售总额、亿元以上商品交易市场个数、年末金融机构贷款余额 4 项指标，反映经济发展内生动力和可持续发展能力。

（三）绿色领域

绿色发展注重的是解决人与自然和谐问题，是永续发展的必要条件和人民对美好生活追求的重要体现，从节能降耗、环保、绿色等领域共设计 7 项指标。从经济发展方面选择万元 GDP 能耗比上年下降幅度、规模以上工业万元增加值能耗比上年下降幅度、废水排放量、化学需氧量排放量 4 项指标，其中后两项为负向指标，指标值越高得分越低。在社会发展方面选择城市生活垃圾无害化处理量、城市园林绿化覆盖面积、人均公园绿地面积 3 项指标。

（四）开放领域

开放着力解决的是发展内外联动问题,是国家繁荣发展的必由之路,在"引进来、走出去"以及文旅交流等领域,共设计 8 项指标。其中,对外贸易方面选择进口总值、出口总值 2 项指标。在"引进来"方面选择外商直接投资新设企业数、实际使用外资 2 项指标。在"走出去"方面选择境外投资企业数、对外实际投资额 2 项指标。在文旅交流方面选择接待外国旅游人数、入境旅游外汇收入 2 项指标。

（五）共享领域

共享着力践行以人民为中心的发展思想,解决社会公平正义问题,是中国特色社会主义的本质要求,在居民收入、公共服务、安全等领域,共设计 14 项指标。其中,分配方面设计全体居民人均可支配收入、全体居民人均消费支出、一般公共服务支出 3 项指标。在城市公共服务方面设计城镇化率、公共交通运营线路总长度 2 项指标。在就业、教育、养老、医疗、文化等方面设计城镇登记失业率、普通中学专任教师数、居民基本养老保险参保人数、医疗保险参保人数、公共图书馆数量、卫生机构数量、医院床位数、养老机构数量 8 项指标,其中登记失业率为负向指标。在人民财产安全方面设计火灾事故直接经济损失指标,指标为负向指标,指标值越高得分越低,体现人民生命安全至上的宗旨。

四、计算综合得分

根据指标体系,收集山东省 16 市 2020 年的各项指标数据,分步骤计算综合得分。

步骤 1:因为各类指标量纲不统一,故对所有指标数据进行标准化处理,以保证数据之间的可比性。因为本例中有正向指标也有负向指标,因此不采用 Z 标准化,而是采用最大值最小值法进行标准化,公式为

$$标准值 = \frac{x - x_{\min}}{x_{\max} - x_{\min}}$$

式中,x 为指标的绝对量,$x_{\max}$ 表示该指标的最大值,$x_{\min}$ 表示该指标的最小值。

对于逆向指标需要正向化处理,公式为

$$标准值 = \frac{x_{\max} - x}{x_{\max} - x_{\min}}$$

式中,x 为指标的绝对量,x_{max} 表示该指标的最大值,x_{min} 表示该指标的最小值。

其中要特别注意的一个指标是"万元 GDP 能耗比上年下降幅度",该指标虽然是正向指标,下降幅度越大得分越高,但实际数据是下降用负值表示,升高用正值表示,所以要对数据乘以"−1",实现正向转换。

步骤 2:用各市各指标的标准化值乘以指标权重,然后进行加总计算综合得分。计算过程省略,直接看结果,如表 15-3-2 所示。

表 15-3-2　2020 年山东省 16 市高质量发展综合得分表

序号	市	创新	协调	绿色	开放	共享	总分
1	青岛市	20.4	16.7	9.2	12.6	16.5	75.5
2	济南市	18.4	13.8	6.5	6.6	15.6	60.8
3	潍坊市	8.3	14.6	6.1	3.1	14.3	46.4
4	烟台市	10.2	9.9	4.4	7.1	12.7	44.3
5	临沂市	4.9	12.7	4.9	1.4	11.4	35.3
6	济宁市	4.0	11.5	5.7	2.2	11.6	35.0
7	威海市	4.0	6.4	9.7	3.4	7.4	31.0
8	淄博市	6.1	6.2	5.9	1.7	10.7	30.6
9	菏泽市	2.0	12.6	4.6	0.3	9.3	28.9
10	滨州市	2.5	9.5	7.0	1.1	7.0	27.2
11	泰安市	3.2	6.8	6.1	0.7	9.6	26.3
12	德州市	2.9	10.6	3.8	0.5	7.0	24.8
13	东营市	4.0	3.2	8.7	1.4	7.1	24.5
14	聊城市	2.9	9.1	4.2	0.5	5.7	22.6
15	日照市	1.3	9.1	6.2	1.0	4.9	22.4
16	枣庄市	0.8	6.0	6.0	0.3	6.5	19.7

五、结果解读

从综合得分情况来看,青岛市、济南市、潍坊市位列前三,分别为75.5分、60.8分和46.4分。聊城市、日照市、枣庄市位居后三名,分别为22.6分、22.4分和19.7分。通过综合指数法可以看出,山东省经济在高质量发展方面存在较大区域差异,济南市和青岛市的龙头带动作用凸显,中西部地区仍然发展缓慢,区域发展不平衡。

从创新发展来看,青岛市一枝独秀,得分20.4分,明显高于其他各市。结合原始数据可以看出,2020年青岛市有电子商务交易活动企业占比达到30.2%,是第二名淄博市的2倍,一骑绝尘。研发经费支出合计300.9亿元,比排名第二的济南市高出35亿元。因此在创新发展方面雄踞全省第一。

从协调发展来看,青岛市、潍坊市、济南市位列前三,分别为16.7分、14.6分和13.8分。结合原始数据可以看出,2020年济南市GDP增速4.9%,全省排名第一;从三产比重看,济南市、青岛市分别为61.6%和61.4%,均超过60%,远超其他各市,这是两市协调发展位居前列的主要原因。此外,在协调发展方面,临沂市与菏泽市也有不俗表现,主要原因是临沂市的税收收入占一般公共预算收入的比重达到82.9%,位列全省第一;亿元以上商品交易市场共72个,位列全省第一。同样,菏泽市亿元以上商品交易市场59个,与青岛市并列第二。

从绿色发展来看,威海市、青岛市、东营市位列前三,分别为9.7分、9.2分和8.7分。结合原始数据可以看出,2020年威海市规模以上工业万元增加值能耗比上年下降幅度最大,废水排放量全省最低。青岛市城市生活垃圾无害化处理量和城市园林绿化覆盖面积全省最高。东营市化学需氧量排放量全省最低,人均公园绿地面积最高。这是上述三个市排名靠前的主要原因。

从开放发展来看,青岛市、烟台市、济南市位列前三,分别为12.6分、7.1分和6.6分。根本原因在于,在开放相关的原始指标中,这三个市均名列前茅,导致开放发展综合水平位列前三。

从共享发展来看,青岛市、济南市、潍坊市位列前三,分别为16.5分、15.6分和14.3分。结合原始数据可以看出,上述三个市在城镇化率、养老和医疗参保人数、医院床位数等指标方面均位居前列,共享发展水平普遍高于其他各市。

枣庄市排名最末,主要原因是创新和开放水平不足,这两项指标的综合得分均处山东省最后。日照市与枣庄市情况类似,但在绿色、开放方面有不错表现。菏泽市在开放方面与枣庄市得分相同,均在山东省垫底,创新发展水平也不足,但协调发展方面得分在山东省排名第5,主要得益于亿元以上商品交易市场在山东省排名第二,因此总分较为靠前。其他市的具体情况读者可以自行解读,不再赘述。

需要特别注意的是,综合指数法是一种典型的定性与定量相结合的方法,其中定性分析主要用于选择考核指标,并根据考核导向确定权重。由于选择的指标不同,权重设定不同,导致得出的最终排名结果也不相同。本例中没有设定GDP、地方财政收入两项指标的绝对值,最终排序结果与人们印象中的经济大市排名会略有所出入。

参考文献

［1］余建英,何旭宏.数据统计分析与 SPSS 应用［M］.北京:人民邮电出版社,2003.

［2］张文彤.SPSS 统计分析高级教程［M］.北京:高等教育出版社,2014.

［3］武松.SPSS 实践与统计思维［M］.北京:清华大学出版社,2019.

［4］宇传华.SPSS 与统计分析［M］.北京:电子工业出版社,2006.

［5］崔光磊,郑奇,郑艳君.山东省信用大数据挖掘应用研究［J］.经济与社会发展研究,2022(13):4-6.

［6］崔光磊,王雅坤,宁密密."十四五"山东经济发展趋势研究［J］.山东经济战略研究,2021(9):17-21.

［7］贾保先,崔光磊,林臻.大数据背景下新型智慧城市建设策略分析［J］.工程技术与管理,2021,5(9):68-73.

［8］杨新洪."五大发展理念"统计评价指标体系构建:以深圳市为例［J］.调研世界,2017(7):3-7.

后　记

每个人都是带着使命来到这个世界的,我的使命大概率是研究数据。高考时我被调剂到山东财经大学(原山东经济学院)统计学专业,从此便开始了人生的数理统计之旅。2001年大学毕业后,恰恰又因本专业入职山东省发改委信息中心,从事国民经济和社会发展监测预测工作。2018年机构改革,又转隶山东省大数据中心,从事大数据工作。在万物皆可数字化的大数据时代,统计是揭开数字神秘面纱最便捷的工具之一,而我阴差阳错学习的正是这门方法,这种巧合或许就源自我的使命。

原本就计划出一本书,总结20多年来研究重大课题的心得体会,从方法论的角度讲解大数据辅助科学决策的原理和实现路径。2020年有幸参与山东省重点研发计划——"面向智慧城市的人工智能关键技术研究",历史使命感油然而生,让我废寝忘食地完成了此书,作为重点研发计划的阶段性研究成果。

在此期间,山东省大数据中心党委给予我充分关心,提供了良好的工作环境。书稿撰写过程中,我得到了课题组专家学者,尤其是山东土地集团数字产业研究院副院长王传伟、山东省新型智慧城市大数据工程技术研究院院长邹丰义的大力支持和帮助。在数据挖掘过程中,济南市政协委员、阳光赛事运营(山东)有限公司董事长杨海刚先生友情提供了"云走齐鲁"线上万人健步走的5000多个样本,20多万条真实数据供分析研究。另外还有张文彤、余建英、何旭宏、武松、宇传华等业内专家,虽然未曾谋面,但各位的著作是指引我一路前行的灯塔,也是本书的重要参考文献,在此一并表示感谢。

最后特别感谢我的夫人和两个可爱的孩子,在我创作时给予我家庭的温暖和关心,这是我勇毅前行的最大动力。

崔光磊

2023年7月于济南